TRAITÉ COMPLET

ET RAISONNÉ

DES

POIDS ET MESURES,

ENFERMANT TOUT CE QU'IL EST NÉCESSAIRE DE CONNAÎTRE
EN THÉORIE ET EN PRATIQUE POUR L'APPLICATION DE LA LOI
DU 4 JUILLET 1837, QUI SERA MISE EN VIGUEUR
A PARTIR DU 1er JANVIER 1840;

A L'USAGE

DES ÉCOLES NORMALES PRIMAIRES

ET

DES ÉCOLES SUPÉRIEURES;

Et destiné à servir de guide aux Chefs d'Écoles dans l'enseignement
du Système Métrique à leurs Élèves,

PAR

J. GEORGE Fils,

Licencié ès-lettres.

PARIS.

LIBRAIRIE ECCLÉSIASTIQUE, CLASSIQUE ET ÉLÉMENTAIRE
DE H. DELLOYE,

RUE DES FILLES-SAINT-THOMAS, 13, PLACE DE LA BOURSE.

—

1840.

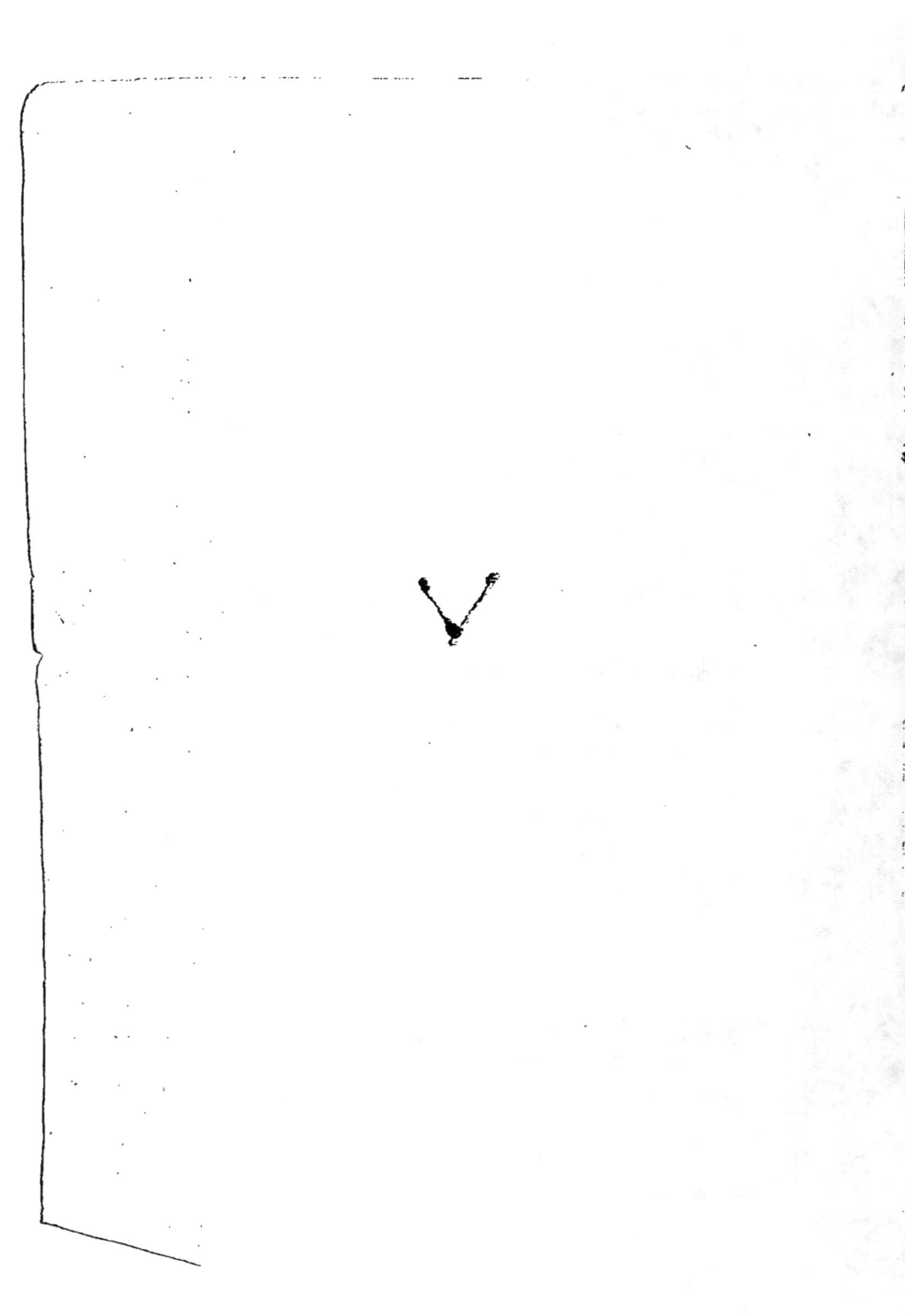

TRAITÉ COMPLET

ET RAISONNÉ

DES

POIDS ET MESURES,

RENFERMANT TOUT CE QU'IL EST NÉCESSAIRE DE CONNAÎTRE
EN THÉORIE ET EN PRATIQUE POUR L'APPLICATION DE LA LOI
DU 4 JUILLET 1837, QUI SERA MISE EN VIGUEUR
A PARTIR DU 1.er JANVIER 1840 ;

A L'USAGE

DES ÉCOLES NORMALES PRIMAIRES

ET

DES ÉCOLES SUPÉRIEURES ;

Et destiné à servir de guide aux Chefs d'Écoles dans l'enseignement
du Système Métrique à leurs Élèves,

PAR

J. GEORGE Fils,

Licencié ès-lettres.

———— ✦ ————

PARIS.

LIBRAIRIE ECCLÉSIASTIQUE, CLASSIQUE ET ÉLÉMENTAIRE

DE H. DELLOYE,

RUE DES FILLES SAINT-THOMAS, 13, PLACE DE LA BOURSE.

—

1840.

Tout exemplaire qui ne serait pas revêtu des signatures de l'auteur et de l'éditeur serait réputé contrefait.

Imprimerie de Ve DONDEY-DUPRÉ, rue Saint-Louis, 46, au Marais.

FIN DE LA TABLE DES MATIÈRES.

AVANT-PROPOS.

Au moment où l'application de la loi du 4 juillet 1837 va enfin éliminer de notre commerce toutes ces mesures formées de l'ancien et du nouveau système dont le décret du 12 février 1812 avait toléré l'usage; au moment où l'emploi des mesures du système métrique, ramené à sa simplicité première, va devenir obligatoire pour toute la France, on ne peut trop s'occuper de faciliter la mise à exécution de l'une et l'étude des autres. C'est là le but que nous nous proposons en livrant au public un traité complet des nouvelles mesures dont l'usage sera seul permis dans quelques mois, et en faisant connaître, par la comparaison du système nouveau avec l'ancien, l'immense avantage résultant de la substitution du premier au second.

Aujourd'hui, ainsi que cela a été de tout temps, chaque pays possède encore ses mesures particulières; de sorte que les étrangers qui vont d'une contrée à l'autre sont tout étonnés d'être obligés ou de faire une nouvelle étude des mesures usitées dans les lieux où ils se trouvent, ou, ce qui ne serait pas toujours très-prudent, de s'en rapporter entièrement à la bonne foi des personnes auxquelles ils ont affaire. Combien de fois, par exemple, n'est-il pas arrivé qu'un individu ait traité d'un marché à des conditions qu'il n'aurait certainement pas acceptées s'il avait connu les mesures du pays?

Désormais tous ces inconvéniens auront cessé. Le Mètre, pour les étoffes; le Kilomètre, pour les distances; l'Are, pour les superficies; le Mètre cube ou le Stère, pour les volumes; le Litre, pour les capacités; le Gramme, pour les poids, seront partout les mêmes. Il est à présumer que cet immense avantage l'emportera promptement sur l'habitude invétérée de l'usage des mesures anciennes, et que chacun s'empressera de les mettre de côté, lorsque le temps en sera venu. D'ailleurs, le calcul simple et facile du système décimal, substitué aux opérations pénibles et fastidieuses des nombres complexes dont l'ancien système nécessite l'emploi, rendra l'étude des nouvelles mesures beaucoup moins difficile aux personnes de l'un et de l'autre sexe, et ne contribuera pas peu au prompt et entier abandon des anciennes.

Toutefois, nous ne partagerons pas ici l'avis des personnes qui penseraient que pour les oublier plus vite, le meilleur serait de les supprimer immédiatement dans les livres, ainsi qu'elles le seront bientôt dans les ateliers et les magasins : l'usage des anciennes mesures sera aboli depuis long-temps dans la pratique, qu'on aura encore besoin de les connaître et de les comparer à celles qui vont les remplacer, et il ne sera permis à personne d'ignorer ce qu'elles étaient, pas plus qu'il ne l'est de ne point les connaître aujourd'hui. Seulement leur étude devra avoir dans les écoles une importance beaucoup moindre que celle qu'on lui a accordée jusqu'ici.

Le fabricant qui, à partir du 1er janvier 1840, devra livrer au mètre ou au gramme les marchandises qu'il vendait à l'aune ou à la livre, l'ouvrier qui comptait son ouvrage à tant la toise et qui sera obligé de le compter à tant le mètre, devront l'un et l'autre, pour ne rien perdre à la substitution de l'une de ces mesures nouvelles à celle qui lui correspond dans l'ancien système, et fixer, d'une manière convenable, les prix de leur travail ou de leurs marchandises, connaître exactement les rapports réciproques du mètre à la toise, du mètre à l'aune, du gramme à la livre et à ses subdivisions. Le consommateur, de son côté, sera obligé de recourir au même moyen, pour s'assurer que les objets de consommation qu'il emploie n'ont subi dans leur prix qu'une augmentation ou une diminution légale et proportionnée d'après la substitution d'une mesure à l'autre. Chacun sera donc également intéressé à la résolution de ce problème général :

Connaissant le prix de l'unité de mesure d'une certaine matière mesurée d'après l'ancien système, déterminer quel devra être le prix de l'unité de mesure de cette même matière d'après le nouveau système métrique.

Les tables de conversion des anciennes mesures en nouvelles nous offrent un moyen trèssimple de résoudre ce problème.

Ces tables, suivies d'applications raisonnées et d'exercices, formeront la quatrième partie de ce volume, dont les trois premières seront consacrées, l'une à des notions et définitions préliminaires ; l'autre à l'exposition de l'ancien système ; et la troisième enfin à l'exposition plus détaillée du nouveau et à l'explication des procédés employés dans la pratique pour l'emploi des nouvelles mesures.

Chacun devant connaître à fond la législation nouvelle relative aux poids et mesures, nous avons pensé qu'elle n'occuperait pas une place inutile en tête de ce volume.

LOI DU 4 JUILLET 1839.

Louis-Philippe, roi des Français, etc.

Art. 1er. Le décret du 12 février 1812, concernant les poids et mesures, est et demeure abrogé.

Art. 2. Néanmoins l'usage des intrumens de pesage et de mesurage, confectionnés en vertu des articles 2 et 3 du décret précité, sera permis jusqu'au 1er janvier 1840.

Art. 3. A partir du 1er janvier 1840, tous poids et mesures autres que les poids et mesures établis par les lois des 18 germinal an 3 et 19 frimaire an 8, consécutives du système métrique décimal, seront interdits, sous les peines portées par l'art. 470 du Code pénal.

Art. 4. Ceux qui auront des poids et mesures autres que les poids et mesures ci-dessus reconnus dans leurs magasins, boutiques, ateliers ou maisons de commerce, ou dans les halles, foires ou marchés, seront punis, comme ceux qui les emploieront, conformément à l'art. 479 du Code pénal.

Art. 5. A compter de la même époque, toutes dénominations de poids et mesures autres que celles portées dans le tableau annexé à la présente loi, et établies par la loi du

18 germinal an 3, sont interdites dans les actes publics ainsi que dans les affiches et les annonces.

Elles sont également interdites dans les actes sous seing-privé, les registres de commerce et autres écritures privées produits en justice.

Les officiers publics contrevenans seront passibles d'une amende de 20 francs, qui sera recouvrée sur contrainte, comme en matière d'enregistrement.

L'amende sera de 10 francs pour les autres contrevenans : elle sera perçue pour chaque acte ou écriture sous signature privée ; quant aux registres de commerce, ils ne donneront lieu qu'à une seule amende pour chaque contestation dans laquelle ils seront produits.

Art. 6. Il est défendu aux juges et arbitres de rendre aucun jugement ou décision en faveur des particuliers sur des actes, registres ou écrits dans lesquels les dénominations interdites par l'article précédent auraient été insérées, avant que les amendes encourues aux termes dudit article aient été payées.

Art. 7. Les vérifications des poids et mesures constateront les contraventions prévues par les lois et règlemens concernant le système métrique des poids et mesures.

Ils pourront procéder à la saisie des instrumens de pesage et de mesurage dont l'usage est interdit par lesdites lois et règlemens.

Leurs procès-verbaux feront foi en justice, jusqu'à preuve contraire. Les vérificateurs prêteront serment devant le tribunal d'arrondissement.

Art. 8. Une ordonnance royale réglera la manière dont s'effectuera la vérification des poids et mesures.

La présente loi, discutée, délibérée et adoptée par la

chambre des pairs et par celle des députés, et sanctionnée par nous cejourd'hui, sera exécutée comme loi de l'état.

Donnons en mandement à nos cours et tribunaux, etc.

Fait au palais des Tuileries, le 4 juillet 1837.

LOUIS-PHILIPPE.

Vu et scellé du grand sceau,
*Le garde des sceaux de France,
ministre secrétaire d'état au
département de la justice.*
BARTHE.

Par le roi :
*Le ministre secrétaire d'état
au département des tra-
vaux publics, de l'agri-
culture et du commerce.*
N. MARTIN (du Nord).

TABLEAU DES MESURES LÉGALES.

(Loi du 13 germinal an III.)

NOMS SYSTÉMATIQUES. — VALEUR.

Mesures de longueur.

Myriamètre.—Dix mille mètres.
Kilomètre.—Mille mètres.
Décamètre.—Dix mètres.
Mètre. *Unité fondamentale des poids et mesures* (dix-millionième partie du quart du méridien terrestre).
Décimètre.—Dixième du mètre.
Centimètre.—Centième du mètre.
Millimètre.—Millième du mètre.

Mesures agraires.

Hectare.—Cent ares ou dix mille mètres carrés.
Are.—Cent mètres carrés, carré de dix mètres de côté.
Centiare.—Centième de l'are, ou mètre carré.

Mesures de capacité pour les liquides et les matières sèches.

Kilolitre.—Mille litres.

Hectolitre.—Cent litres.

Décalitre.—Dix litres.

Litre.—Décimètre cube.

Décilitre.—Dixième du litre.

Mesures de solidité.

Décastère.—Dix stères.

Stère.—Mètre cube.

Décistère.—Dixième de stère.

Poids.

. . . . . .— Mille kilogrammes, poids du mètre cube d'eau et du tonneau de mer.

. . . .—Cent kilogrammes, quintal métrique.

Kilogramme.—Mille grammes, poids dans le vide d'un décimètre cube d'eau distillée à la température de quatre dégrés centigrades.

Hectogramme.—Cent grammes.

Décagramme.—Dix grammes.

Gramme.—Poids d'un centimètre cube d'eau à quatre degrés centigrades.

Décigramme.—Dixième du gramme.

Centigramme.—Centième du gramme.

Milligramme.—Millième du gramme.

Monnaie.

Franc.—Cinq grammes d'argent au titre de neuf dixièmes de fin.

Décime.—Dixième de franc.

Centime.—Centième de franc.

LOUIS-PHILIPPE.

Par le Roi :

Le ministre du commerce,

N. MARTIN (du Nord).

ORDONNANCES.

ORDONNANCE ROYALE DU 17 AVRIL 1839.

TITRE PREMIER.

Des vérificateurs.

Art. 1er. La vérification des poids et mesures destinés et servant au commerce est faite, sous la surveillance des préfets et sous-préfets, par des agens nommés et révocables par notre ministre secrétaire d'état des travaux publics, de l'agriculture et du commerce.

Art. 2. Un vérificateur est nommé par chaque arrondissement communal. Son bureau est établi, autant que possible, au chef-lieu.

Néanmoins, si les besoins du service exigent qu'il y ait plusieurs bureaux dans un arrondissement, le préfet peut proposer cette disposition à notre ministre secrétaire d'état des travaux publics, de l'agriculture et du commerce, qui l'arrête définitivement, s'il le juge convenable.

Il peut, en outre, être nommé par notre ministre des vérificateurs-adjoints, soumis aux mêmes conditions, et ayant les mêmes attributions que les vérificateurs.

Art. 3. Nul ne peut exercer l'emploi de vérificateur s'il n'est âgé de vingt-cinq ans accomplis, et s'il n'a subi des examens spéciaux, d'après un programme arrêté par notre ministre des travaux publics, de l'agriculture et du commerce.

Art. 4. L'emploi de vérificateur est incompatible avec toutes autres fonctions publiques et toute profession assujettie à la vérification.

Art. 5. Les vérificateurs ne peuvent entrer en fonctions qu'après avoir prêté, devant le tribunal de première instance de l'arrondissement pour lequel ils sont commissionnés, le serment prescrit par la loi du 31 août 1830.

Dans le cas d'un changement de résidence, ou de mission temporaire, ils sont tenus seulement de faire viser leur commission et leur acte de serment au greffe du tribunal dans le ressort duquel ils sont envoyés.

Art. 6. Chaque bureau de vérification sera pourvu de l'assortiment nécessaire d'étalons vérifiés et poinçonnés au dépôt des prototypes établi près du ministère des travaux publics, de l'agriculture et du commerce. Ces étalons devront être vérifiés de nouveau au même dépôt, au moins une fois en dix ans.

Les poinçons nécessaires aux vérifications dans les départemens seront fabriqués sous les ordres de notre ministre des travaux publics, de l'agriculture et du commerce. Ils porteront des marques distinctes pour chaque année d'exercice.

Les poinçons destinés à la vérification des poids et mesures nouvellement fabriqués ou rajustés seront différens de ceux qui sont destinés à constater les vérifications périodiques successives.

Art. 7. Les étalons et les poinçons des bureaux de vérification sont conservés par les vérificateurs, sous leur responsabilité et sous la surveillance des préfets et sous-préfets.

Art. 8. Le traitement des vérificateurs est réglé par

notre ministre des travaux publics, de l'agriculture et du commerce : il comprend par abonnement les frais de tournée ordinaire, ceux de bureau, ceux d'entretien et de transport des instrumens de vérification, et les frais de confection de matrices de rôles.

Les étalons seront conservés et les opérations seront faites dans le local à ce destiné par l'administration.

Les étalons, les poinçons, les registres et l'ameublement des bureaux sont fournis aux vérificateurs par l'administration.

Les frais des tournées extraordinaires hors de leur arrondissement leur sont remboursés.

Art. 9. Les vérificateurs peuvent être suspendus par les préfets. Il est immédiatement rendu compte de cette mesure à notre ministre des travaux publics, de l'agriculture et du commerce.

TITRE SECOND.

De la vérification.

Art. 10. Les poids et mesures nouvellement fabriqués ou rajustés seront présentés au bureau du vérificateur, vérifiés et poinçonnés avant d'être livrés au commerce.

Art. 11. Aucun poids ou aucune mesure ne peut être soumis à la vérification, mis en vente ou employé dans le commerce, s'il ne porte d'une manière distincte et lisible le nom qui lui est affecté par le système métrique.

Notre ministre du commerce pourra excepter de l'exécution du présent article des poids ou mesures dont la dimension ne s'y prêterait pas.

Art. 12. La forme des poids et mesures servant à peser

ou mesurer les matières de commerce sera déterminée par des règlemens d'administration publique, ainsi que les matières avec lesquelles ces poids et mesures seront fabriqués.

Art. 13. Indépendamment de la vérification primitive dont il est question dans l'art. 10, les poids et mesures dont les commerçans compris dans le tableau indiqué à l'art. 15 font usage ou qu'ils ont en leur possession sont soumis à une vérification périodique pour reconnaître si la conformité avec les étalons n'a pas été altérée.

Chacune de ces vérifications est constatée par l'apposition d'un poinçon nouveau.

Art. 14. Les fabricans et marchands de poids et mesures ne sont assujettis à la vérification périodique que pour ceux dont ils font usage dans leur commerce.

Les poids, mesures et instrumens de pesage et mesurage neufs ou rajustés, qu'ils destinent à être vendus, doivent seulement être marqués du poinçon de la vérification primitive.

Art. 15. Les préfets dressent pour chaque département le tableau des professions qui doivent être assujetties à la vérification.

Ce tableau indique l'assortiment des poids et mesures dont chaque profession est tenue de se pourvoir.

Art. 16. L'assujetti qui se livre à plusieurs genres de commerce doit être pourvu de l'assortiment de poids et mesures fixé pour chacun d'eux, à moins que l'assortiment exigé pour l'une des branches de son commerce ne se trouve déjà compris dans l'une des autres branches des industries qu'il exerce.

Art. 17. L'assujetti qui, dans une même ville, ouvre au

public plusieurs magasins, boutiques ou ateliers distincts et placés dans des maisons différentes et non contiguës, doit pourvoir chacun de ces magasins, boutiques ou ateliers, de l'assortiment exigé pour la profession qu'il exerce.

Art. 18. La vérification périodique se fait tous les ans dans les chefs-lieux d'arrondissement et dans les communes désignées par le préfet, et tous les deux ans dans les autres lieux. Toutefois, en 1840, elle aura lieu dans toutes les communes indistinctement.

Le préfet règle l'ordre dans lequel les diverses communes du département sont vérifiées.

Art. 19. Le vérificateur est tenu d'accomplir la visite qui lui a été assignée pour chaque année, et de se transporter au domicile de chacun des assujettis inscrits au rôle qui sera dressé conformément à l'art. 50.

Il vérifie et poinçonne les poids, mesures et instrumens qui lui sont exhibés, tant ceux qui composent l'assortiment obligatoire au minimum que ceux que le commerçant posséderait de surplus.

Il fait note de tout sur un registre portatif qu'il fait émarger par l'assujetti, et si celui-ci ne sait ou ne veut signer, il le constate.

Art. 20. La vérification périodique pourra être faite aux siéges des maires dans les localités où, conformément aux usages du commerce et sur la proposition des préfets, notre ministre des travaux publics, de l'agriculture et du commerce jugerait cette opération d'une plus facile exécution, sans toutefois que cette mesure puisse être obligatoire pour les assujettis, et sauf le droit d'exercice à domicile.

Les vérificateurs peuvent toujours faire, soit d'office, soit sur la réquisition des maires et du procureur du roi, soit sur l'ordre du préfet et des sous-préfets, des visites extraordinaires et inopinées chez les assujettis.

Art. 21. Les marchands ambulans qui font usage de poids et mesures sont tenus de les présenter, dans les trois premiers mois de chaque année, ou de l'exercice de leur profession, à l'un des bureaux de vérification dans le ressort desquels ils colportent leurs marchandises.

Art. 22. Les balances, romaines ou autres instrumens de pesage, sont soumis à la vérification primitive et poinçonnés avant d'être exposés en vente ou livrés au public.

Ils sont, en outre, inspectés dans leur usage et soumis sur place à la vérification périodique.

Art. 23. Les membrures du stère et double stère destinées au commerce de bois de chauffage sont, avant qu'il en soit fait usage, vérifiées et poinçonnées dans les chantiers où elles doivent être employées.

Elles y sont également soumises à la vérification périodique.

Art. 24. Les poids et mesures des bureaux d'octroi, bureaux de poids publics, ponts à bascule, hospices et hôpitaux, prisons et établissemens de bienfaisance et tous les autres établissemens publics, sont soumis à la vérification périodique.

Art. 25. Les poids et mesures employés dans les halles, foires et marchés, dans les étalages mobiles, par des marchands forains et ambulans, sont soumis à l'exercice des vérificateurs.

Art. 26. Les visites et exercices que les vérificateurs sont autorisés à faire chez les assujettis ne peuvent avoir lieu que pendant le jour.

Néanmoins ils peuvent avoir lieu chez les marchands et débitans pendant tout le temps que les lieux de vente sont ouverts au public.

Art. 27. Les préfets fixent par des arrêtés pour chaque commune l'époque où la vérification de l'année commence et celle où elle doit être terminée.

A l'expiration du dernier délai ci-dessus, et après que la vérification aura eu lieu dans la commune, il est interdit aux commerçans, entrepreneurs et industriels, d'employer et de garder en leur possession des poids, mesures et instrumens de pesage qui n'auraient pas été soumis à la vérification périodique et au poinçon de l'année.

TITRE TROISIÈME.

De l'inspection sur le débit des marchandises qui se vendent au poids et à la mesure.

Art. 28. L'inspection du débit des marchandises qui se vendent au poids et à la mesure est confiée spécialement à la vigilance et à l'autorité des préfets, sous-préfets, maires, adjoints et commissaires de police.

Art. 29. Les maires, adjoints, commissaires et inspecteurs de police feront dans leurs arrondissemens respectifs, et plusieurs fois dans l'année, des visites dans les boutiques et magasins, dans les places publiques, foires et marchés, à l'effet de s'assurer de l'exactitude et du fidèle usage des poids et mesures.

Ils surveilleront les bureaux publics de pesage et de mesurage dépendant de l'administration municipale.

Ils s'assureront que les poids et mesures portent les marques et poinçons de vérification, et que, depuis la vérification constatée par ces marques, ces instrumens n'ont point souffert de variations, soit accidentelles, soit frauduleuses.

Art. 30. Ils visiteront fréquemment les romaines, les balances et tous les autres instrumens de pesage. Ils s'assureront de leur justesse et de la liberté de leurs mouvemens, et constateront les infractions.

Art. 31. Les maires et officiers de police veilleront à la fidélité dans le débit des marchandises qui, étant fabriquées au moule ou à la forme, se vendent à la pièce ou au paquet comme correspondant à un poids déterminé ; néanmoins les formes ou moules propres aux fabrications de ce genre ne seront jamais réputés instrumens de pesage, ni assujettis à la vérification.

Art. 32. Les vases ou futailles servant de récipient aux boissons, liquides ou autres matières, ne seront pas réputés mesures de capacité ou de pesanteur.

Il sera pourvu à ce que, dans le débit en détail, les boissons et autres liquides ne soient pas vendus à raison d'une certaine mesure présumée, sans avoir été mesurés effectivement.

Art. 33. Les arrêtés pris par les préfets en matière de poids et mesures, à l'exception de ceux qui sont pris en exécution de l'art. 18, ne seront exécutoires qu'après l'approbation de notre ministre du commerce.

TITRE QUATRIÈME.

Des infractions et du mode de les constater.

Art. 34. Indépendamment du droit conféré aux officiers de police judiciaire par le Code d'instruction criminelle, les vérificateurs constatent les contraventions prévues par les lois et réglemens concernant les poids et mesures dans l'étendue de l'arrondissement pour lequel ils sont commissionnés et assermentés.

Ils sont tenus de justifier de leur commission aux assu-jettis qui le requièrent.

Leurs procès-verbaux font foi en justice jusqu'à preuve contraire, conformément à l'art. 7 de la loi du 4 juillet 1837.

Art. 35. Les vérificateurs saisissent tous les poids et mesures autres que ceux maintenus par la loi du 4 juillet 1837.

Ils saisissent également tous les poids, mesures, instrumens de pesage et mesurage altérés ou défectueux, ou qui ne seraient pas revêtus des marques légales de la vérification.

Ils déposent à la mairie les objets saisis toutes les fois que cela est possible.

Art. 36. Ils doivent recueillir et relater les circonstances qui ont accompagné, soit la possession, soit l'usage des poids ou des mesures dont l'emploi est interdit.

Art. 37. S'ils trouvent des mesures qui, par leur état d'oxidation, puissent nuire à la santé des citoyens, ils en donnent avis aux maires et aux commissaires de police.

Art. 38. Les assujettis sont tenus d'ouvrir leurs magasins, boutiques et ateliers, et de ne pas quitter leur domicile, après que, par un ban publié dans la forme ordinaire, le maire aura fait reconnaître, au moins deux jours à l'avance, le jour de la vérification.

Ils sont tenus de se prêter aux exercices toutes les fois qu'ont lieu les visites prévues par les articles 19 et 20.

Art. 39. Dans le cas de refus d'exercice, et toutes les fois que les vérificateurs procèdent chez les débitans, avant le lever et après le coucher du soleil, aux visites autorisées par l'art. 26, ils ne peuvent s'introduire dans les maisons, bâtimens ou magasins, qu'en présence, soit du juge de paix ou de son suppléant, soit du maire, de l'adjoint ou du commissaire de police.

Art. 40. Les fonctionnaires dénommés en l'article précédent ne peuvent se refuser à accompagner sur-le-champ les vérificateurs lorsqu'ils en sont requis par eux, et les procès-verbaux qui sont dressés, s'il y a lieu, sont signés par l'officier en présence duquel ils ont été faits, sauf aux vérificateurs, en cas de refus, d'en faire mention auxdits procès-verbaux.

Art. 41. Les vérificateurs dressent leurs procès-verbaux dans les vingt-quatre heures de la contravention par eux constatée. Ils les écrivent eux-mêmes; ils les signent, affirment au plus tard le lendemain de la clôture desdits procès-verbaux, par-devant le maire ou l'adjoint soit de la commune de leur résidence, soit de celle où l'infraction a été commise ; l'affirmation est signée tant par les maires et adjoints que par les vérificateurs.

Art. 42. Leurs procès-verbaux sont enregistrés dans les quinze jours qui suivent celui de l'affirmation, et, conformément à l'art. 74 de la loi du 25 mars 1817, ils sont visés pour timbre et enregistrés en débet, sauf à suivre le recouvrement des droits contre les condamnés.

Art. 43. Dans le même délai, les procès-verbaux sont remis au juge de paix, qui se conforme aux règles établies par les art. 20, 21 et 139 du Code d'instruction criminelle.

Art. 44. Les vérificateurs des poids et mesures sont sous la surveillance des procureurs du roi, sans préjudice de leur subordination à l'égard de leurs supérieurs dans l'administration.

Art. 45. Si les affiches ou annonces contiennent des dénominations de poids et mesures autres que celles portées dans le tableau annexé à la loi du 4 juillet 1837, les maires, adjoints et commissaires de police sont tenus de constater cette contravention, et d'envoyer immédiatement leurs procès-verbaux au receveur de l'enregistrement.

Les vérificateurs et tous autres agens de l'autorité publique sont tenus également de signaler au même fonctionnaire toutes les contraventions de ce genre qu'ils pourront découvrir.

Les receveurs d'enregistrement, soit d'office, soit d'après ces dénonciations, soit sur la transmission qui leur est faite des procès-verbaux ou rapports, dirigent contre les contrevenans les poursuites prescrites par l'art. 5 de la loi précitée.

TITRE CINQUIÈME.

Des droits de vérification.

Art. 46. La vérification première des poids, mesures et instrumens de pesage, est faite gratuitement.

Il en est de même pour les poids, mesures et instrumens de pesage rajustés, qui sont soumis à une nouvelle vérification.

Art. 47. Les droits de la vérification périodique seront provisoirement perçus conformément au tarif annexé à l'ordonnance du 18 décembre 1825, modifiée par celle du 24 décembre 1832 et du 18 mai 1838.

Art. 48. La vérification périodique des poids, mesures et instrumens de pesage appartenant aux établissemens publics désignés par l'art. 24, est faite gratuitement.

Il en est de même pour les poids, mesures et instrumens de pesage présentés volontairement à la vérification par des individus non assujettis.

Art. 49. Les droits de la vérification périodique sont payés pour les poids et mesures formant l'assortiment obligatoire de chaque assujetti et pour les instrumens de pesage sujets à la vérification.

Les poids et mesures excédant l'assortiment obligatoire sont vérifiés et poinçonnés gratuitement.

Art. 50. Les états matrices des rôles sont dressés par les vérificateurs des poids et mesures, d'après le résultat des opérations, qui doivent être consommées avant le 1er août.

Les états sont remis aux directeurs des contributions directes à mesure que les opérations sont terminées dans les communes dépendant de la même perception, et, au plus tard, le 1er août de chaque année.

Art. 51. Les directeurs des contributions directes, après avoir vérifié et arrêté les états matrices mentionnés à l'article précédent, procèdent à la confection des rôles, lesquels sont rendus exécutoires par le préfet, pour être mis immédiatement en recouvrement par les mêmes voies et avec les mêmes termes de recours en cas de réclamation, que pour les contributions directes.

Art. 52. Avant la fin de chaque année, il sera dressé et publié des rôles supplémentaires pour les opérations qui, à raison de circonstances particulières, n'auraient pu être faites que postérieurement au délai fixé par l'art. 50.

Art. 53. La perception des droits de vérification est faite par les agens du trésor public.

Le montant intégral des rôles est exigible dans la quinzaine de leur publication.

L'art. 3 de l'ordonnance du 21 décembre 1832 (1) continuera à être exécuté.

Art. 54. Les remises auxquelles ont droit les agens du Trésor pour le recouvrement des contributions, ainsi que les allocations revenant aux directeurs des contributions directes pour les frais de confection de rôles, sont réglées par notre ministre secrétaire d'état des finances.

TITRE SIXIÈME.

Dispositions générales.

Art. 55. Les contraventions aux arrêtés des préfets, à ceux des maires et à la présente ordonnance, seront poursuivies conformément aux lois.

Art. 56. Sont abrogés les acclamations et arrêtés des 27 pluviose an 6, 19 germinal, 28 messidor et 11 thermidor an 7, l'arrêté du 7 floréal an 8, les arrêtés des 13 brumaire et 29 prairial an 9, et les ordonnances royales des 18 décem-

---

(1) Cet article est ainsi conçu :

« A l'avenir, les rôles ne seront plus établis avant l'accomplissement des opérations. Les états matrices seront, en conséquence, dressés par les agens des poids et mesures, sur le résultat des vérifications exécutées en conformité des articles 10, 15 et 23 de l'ordonnance du 18 décembre 1825. »

NOTA. Les articles 10, 15 et 23 de l'ordonnance de 1825 précités, se trouvent compris, le 1er, dans les articles 10, 13, 18 et 29 ; le 2e, dans l'article 15 ; et le 3e, dans les articles 24 et 49 de la présente ordonnance.

bre 1825, 7 juin 1826, 21 décembre 1832 et 18 mai 1838, sauf les dispositions des ordonnances des 18 décembre 1825, 21 décembre 1832, et 18 mai 1838, rappelées aux articles 47 et 53 de la présente ordonnance.

Tous arrêtés ministériels pris en vertu du décret du 12 février 1812 cesseront de recevoir leur exécution au 1er janvier 1840.

Art. 57. Nos ministres secrétaires d'état aux départemens des travaux publics, de l'agriculture et du commerce, et des finances, sont chargés de l'exécution de la présente ordonnance, qui sera publiée au *Bulletin des Lois.*

Fait au palais des Tuileries, le 17 avril 1839.

LOUIS-PHILIPPE.

Par le Roi :

Le ministre secrétaire d'état au département des travaux publics, de l'agriculture et du commerce.

GASPARIN (1).

(Extrait du *Moniteur* du 20 avril 1839.)

---

(1) Cette ordonnance, soumise à l'examen du conseil d'état, a été préparée dans le sein d'une commission spéciale, présidée par M. Martin (du Nord), et composée de MM. le baron Thénard, le marquis de Laplace, Laplagne-Barris, pairs de France ; Mathieu, membre de la chambre des députés ; baron Séguier, Savart, membre de l'Académie des sciences ; Tarbé, avocat général à la cour de cassation ; Vincens, conseiller-d'état ; Sénac, chef de bureau au ministère des travaux publics, de l'agriculture et du commerce.

TARIF

ANNEXÉ A L'ORDONNANCE DU 18 DÉCEMBRE 1825, INDIQUANT LES
RÉTRIBUTIONS A PERCEVOIR POUR LA VÉRIFICATION DES POIDS
ET MESURES MÉTRIQUES.

Mesures de longueur:

Double mètre ordinaire ou brisé............ 15 cent.
Mètre ployant ou à charnière.............. 10
Mètre simple et demi-mètre............... 10
Décimètre et double décimètre............ 5

Mesures agraires.

Double décamètre...................... 25
Décamètre.......................... 25
Demi-décamètre...................... 25

Mesures de solidité.

Double stère........................ 75
Stère............................. 75

Mesures de capacité pour les graines et autres matières sèches.

Hectolitre.......................... 75
Demi-hectolitre...................... 50
Double décalitre...................... 15
Décalitre........................... 10
Demi-décalitre....................... 7
Double litre......................... 5
Litre............................. 5
Demi-litre.......................... 5
Double décilitre...................... 5
Décilitre........................... 5

Mesures de capacité pour les liquides.

Double décalitre...................... 50

Décalitre .... 50 cent.
Demi-décalitre 50
Double litre..................................... 20
Litre.. 15
Demi-litre....................................... 10
Double décilitre 10
Décilitre.. 10
Demi-décilitre et au-dessous..................... 10

Mesures pour le lait.

Double litre..................................... 10
Litre.. 10

Poids en cuivre simples.

Double myriagramme 37,5
Myriagramme 37,5
Demi-myriagramme 37,5
Double kilogramme 15
Kilogramme....................................... 15
Demi-kilogramme 15
Double hectogramme............................... 7,5
Hectogramme...................................... 7,5
Demi-hectogramme................................. 7,5
Double décagramme................................ 7,5
Décagramme 7,5
Demi-décagramme.................................. 7,5
Double gramme.................................... 7,5
Gramme 7,5

Poids en cuivre divisés.

Cinq kilogrammes composés de

1 double kilogramme .... 15 }
2 kilogrammes .... 30 } 75 cent.
1 kilogramme divisé................... 30 }

Double kilogramme composé de

1 kilogramme	15	45 cent.
1 kilogramme divisé	30	
Demi-kilogramme divisé		30
Double hectogramme divisé		30
Hectogramme divisé		30
Demi-hectogramme divisé		30
Double décagramme divisé et au-dessous		80

Poids en fer.

Cinq myriagrammes	50
Double myriagramme	25
Myriagramme	25
Demi-myriagramme	25
Double kilogramme	10
Kilogramme	10
Demi-kilogramme	10
Double hectogramme	5
Hectogramme	5
Demi-hectogramme	5

ORDONNANCE ROYALE DU 17 JUIN 1839.

LOUIS-PHILIPPE, roi des Français.

Art. 1er. A dater du 1er janvier 1840, les poids, mesures et instrumens de pesage et de mesurage ne seront reçus à la vérification première qu'autant qu'ils réuniront les conditions d'admission indiquées dans les tableaux annexés à la présente ordonnance.

Art. 2. Les poids, mesures et instrumens de pesage portant la marque de la vérification première, et qui réuniront d'ailleurs les conditions exigées jusqu'ici, seront admis à la vérification périodique.

Savoir :

Les mesures décimales de longueur, après qu'on aura fait disparaître les divisions et les noms relatifs aux anciennes dénominations.

Les mesures décimales pour les matières sèches, quelle que soit l'espèce de bois dont elles sont construites;

Les mesures décimales en étain, quel que soit leur poids;

Les poids décimaux en fer et en cuivre, quelle que soit leur forme, après qu'on aura fait disparaître l'indication relative aux anciennes dénominations, et pourvu qu'ils portent sur la surface supérieure les noms qui leur sont propres;

Les poids décimaux en fer et en cuivre, portant uniquement leurs noms exprimés en myriagrammes, kilogrammes, hectogrammes ou décagrammes;

Les poids décimaux à l'usage des balances-bascules, pourvu qu'ils ne portent pas d'autre indication que celle de leur valeur réelle;

Enfin les romaines, dont on aura fait disparaître les anciennes divisions et dénominations, pourvu qu'elles soient graduées en divisions décimales et reconnues oscillantes;

Les poids et mesures décimaux placés dans une des catégories qui précèdent ne pourront être conservés par les assujettis qu'autant qu'ils auront subi, avant l'époque de la vérification périodique de l'année 1840, les modifications exigées. Ces poids et mesures pourront être rajustés, mais ils ne devront pas être remontés à neuf.

Art. 3. Tous les poids et mesures autres que ceux qui sont provisoirement permis par l'art. 2 de la présente ordonnance, seront mis hors de service à partir du 1ᵉʳ janvier 1840.

Art. 4. Il sera déposé dans tous les bureaux de vérification des modèles ou des dessins des poids et mesures légalement autorisés, pour être communiqués à tous ceux qui voudront en prendre connaissance.

Art. 5. Notre ministre secrétaire-d'état au département du commerce et de l'agriculture est chargé de l'exécution de la présente ordonnance, qui sera publiée au *Bulletin des Lois.*

Fait au palais de Neuilly, le 16 juin 1839.

LOUIS PHILIPPE.

Par le Roi.

Le ministre secrétaire d'état au département du commerce et de l'agriculture,

L. Cunin Gridaine.

Nº 1.

MESURES DE LONGUEUR.

Noms des mesures : Double décamètre, — décamètre, — demi-décamètre, — double mètre, — mètre, — demi-mètre, — double décimètre, — décimètre.

Ces mesures devront être construites en métal, en bois ou autre matière solide.

Elles pourront être établies dans la forme qui conviendra le mieux aux usages auxquels elles sont destinées.

Indépendamment des mesures d'une seule pièce, il est permis de faire des mesures brisées, pourvu que le nombre de leurs parties soit deux, cinq ou dix.

Les mesures devront être construites avec solidité.

Des garnitures en métal devront être adaptées aux extrémités des mesures en bois, du mètre, de son double et de sa moitié.

Les divisions en centimètres ou millimètres devront être exactes, déliées, et d'équerre avec la longueur de la mesure.

Le nom propre à chaque mesure sera gravé sur la face supérieure de la mesure, qui devra porter aussi le nom ou la marque du fabricant.

Le décamètre, son double et sa moitié, construits en forme de chaîne, devront avoir des chaînons d'une force suffisante et de la longueur de deux ou de cinq décimètres ; les anneaux à chaque mètre seront exécutés avec un métal d'une couleur différente de celui employé pour les anneaux.

N° 2.

MESURES DE CAPACITÉ POUR LES MATIÈRES SÈCHES.

Noms des mesures : Hectolitre, — demi-hectolitre, — double décalitre, — décalitre, — demi-décalitre, — double litre, — litre, — demi-litre, — double décilitre, — décilitre, — demi-décilitre.

Les mesures de capacité pour les matières sèches devront être construites dans la forme cylindrique, et auront intérieurement le diamètre égal à la hauteur.

Les mesures en bois ne pourront être faites qu'en bois

de chêne ; elles devront être établies avec solidité dans toutes leurs parties.

Pour les mesures qui seront garnies intérieurement de potences ou autres corps saillans , la hauteur sera augmentée proportionnellement au volume de ces objets.

Les mesures en bois devront être formées d'une éclisse ou feuille courbée sur elle-même et fixée par des clous.

Toutes les mesures en bois devront être garnies, à la partie supérieure, d'une bordure en tôle rabattue.

Les mesures, depuis et compris le double décalitre jusqu'à l'hectolitre, devront, en outre, être ferrées : on pourra, suivant l'usage auquel elles sont destinées, y adapter des pieds fixés avec boulons et écrous.

Les mesures en bois de plus petite dimension pourront être garnies de bandes latérales en tôle.

On pourra fabriquer des mesures pour les matières sèches en cuivre ou en tôle , pourvu qu'elles soient établies avec solidité, et dans la forme ci-dessus prescrite.

Chaque mesure doit porter le nom qui lui est propre : le nom ou la marque du fabricant sera appliqué sur le fond de la mesure.

N° 3.

MESURES DE CAPACITÉ POUR LES LIQUIDES.

Les noms et la forme affectés aux mesures de capacité pour les matières sèches, dans le tableau n° 2, serviront de règle pour la construction des mêmes mesures employées pour les liquides, depuis l'hectolitre jusqu'au demi-décalitre inclusivement. Elles pourront être établies en cuivre, tôle ou fonte, mais sous la réserve expresse de prévenir par l'éta-

2.

mage, ou autre procédé analogue, toute altération ou oxidation de nature à présenter des dangers dans l'usage de ces sortes de mesures.

Les mesures du double litre et au-dessous devront être construites exclusivement en étain, et auront intérieurement la hauteur double du diamètre : elles auront le poids déterminé ci-après comme minimum obligatoire pour chacune des espèces de mesures.

NOMS DES MESURES.	POIDS DES MESURES EN GRAMMES.		
	Sans anses ni couvercles.	Avec anses sans couvercles.	Avec anses et couvercles.
	gr.	gr.	gr.
Double litre..................	1,350	1,700	2,200
Litre	900	1,100	1,350
Demi-litre.................	525	650	820
Double décilitre...........	280	335	420
Décilitre	145	180	240
Demi-décilitre	85	110	140
Double centilitre	45	60	50
Centilitre.................	25	35	50

Le titre de l'étain employé pour la fabrication des mesures reste fixé à 83 centièmes 5 millièmes, avec une tolérance de 1 centièmes 5 millièmes ; ainsi le métal dont les mesures seront fabriquées ne doit pas contenir moins de 82 centièmes d'étain pur et plus de 18 centièmes d'alliage.

Ces mesures devront conserver intérieurement et sur le bord supérieur la venue du moule ; elles devront être sans soufflures ni autres imperfections.

Le nom propre à chaque mesure devra être inscrit sur le corps de la mesure. Le nom ou la marque du fabricant devra être apposé sur le fond.

On pourra construire des mesures en fer-blanc depuis le double litre jusqu'au décilitre ; mais ces sortes de mesures, exclusivement réservées pour le lait, devront être établies dans la forme cylindrique, ayant le diamètre égal à la hauteur, conformément à ce qui est prescrit dans le tableau n° 2, pour les mesures destinées aux matières sèches ; elles seront garnies d'une anse ou d'un crochet également en fer-blanc, et porteront le nom qui leur est propre sur le cercle supérieur rabattu et servant de bordure. On aura soin de placer, pour recevoir les marques de vérification, deux gouttes d'étain aplaties, l'une au bord supérieur, l'autre à la jonction du fond de chaque mesure, qui devra porter aussi le nom ou la marque du fabricant.

N° 4.

POIDS EN FER.

Les poids devront être construits en fonte de fer ; leurs noms sont indiqués ci-après, ainsi que la dénomination abréviative qui devra être inscrite sur chacun d'eux en caractères lisibles.

NOMS DES POIDS.	ABRÉVIATIONS qui devront être indiquées sur la surface supérieure.
50 kilogrammes............	50 kilog.
20 kilogrammes...........	20 kilog.
10 kilogrammes...........	10 kilog.
5 kilogrammes...........	5 kilog.
Double kilogramme........	2 kilog.
Kilogramme.............	1 kilog.
Demi-kilogramme	1/2 kilog.
	5 hectog.
Double hectogramme.......	2 hectog.
Hectogramme...,.........	1 hectog.
Demi-hectogramme.........	1/2 hectog.

Les poids en fer de 50 et de 20 kilogrammes devront être établis en forme de pyramide tronquée, arrondie sur les angles, et ayant pour base un parallélogramme.

Les autres poids en fer, depuis celui de 10 kilogrammes jusqu'au demi-hectogramme inclusivement, devront être établis en forme de pyramide tronquée, ayant pour base un hexagone régulier.

Les anneaux dont les poids sont garnis devront être placés de manière à ne pas dépasser l'arête des poids.

Chaque anneau devra être en fer forgé, rond et soudé à chaud.

Chaque anneau, attaché par un lacet, devra entrer sans difficulté dans la rainure pratiquée sur le poids pour le recevoir.

Chaque lacet devra être en fer forgé et construit solidement, tant au sommet qui embrasse l'anneau qu'aux extrémités de ses branches, lesquelles doivent être rabattues et encoulées par dessous pour retenir le plomb nécessaire à l'ajustage.

Les poids en fer ne doivent présenter à leur surface ni bavures ni soufflures, et la fonte ne doit être ni aigre ni cassante.

Chaque poids doit être garni aux extrémités du lacet d'une quantité suffisante de plomb coulé d'un seul jet, destiné à recevoir les empreintes des poinçons de vérification première et périodique, ainsi que la marque du fabricant qui doit y être apposée.

N° 5.

POIDS EN CUIVRE.

Les poids en cuivre sont indiqués ci-après, ainsi que la dénomination qui devra être inscrite sur chacun d'eux.

NOMS DES POIDS.	DÉNOMINATIONS qui doivent être appliquées sur la surface supérieure.
20 kilogrammes............	20 kilogrammes.
10 kilogrammes............	10 kilogrammes.
5 kilogrammes............	5 kilogrammes.
Double kilogramme........	2 kilogrammes.
Kilogramme...............	1 kilogramme.
Demi-kilogramme..........	500 grammes.
Double hectogramme.......	200 grammes
Hectogramme..............	100 grammes.
Demi-hectogramme.........	50 grammes.
Double décagramme........	20 grammes.
Décagramme...............	10 grammes.
Demi-décagramme..........	5 grammes.
Double gramme............	2 grammes.
Gramme...................	1 gramme.
Demi-gramme..............	5 décig.
Double décigramme........	2 décig.
Décigramme...............	1 décig.
Demi-décigramme..........	5 centig.
Double centigramme.......	2 c. g.
Centigramme..............	1 c. g.
Demi-centigramme.........	5 m. g.
Double milligramme.......	2 m.
Milligramme..............	1 m.

La forme des poids en cuivre, depuis et compris celui
de 20 kilogrammes jusqu'au gramme, sera celle d'un cylindre surmonté d'un bouton ; la hauteur du cylindre sera
égale à son diamètre pour tous les poids, jusqu'à celui de
5 grammes inclusivement ; la hauteur de chaque bouton
sera égale à la moitié du diamètre du cylindre qui le supporte. Ces dispositions ne seront pas applicables aux poids

d'un et de deux grammes, qui auront le diamètre plus fort que la hauteur.

Les poids depuis et compris le 5 décigrammes jusqu'au milligramme, se feront avec des lames de laiton mince coupées carrément.

Les poids en cuivre cylindriques et à bouton pourront être massifs, ou contenir dans leur intérieur une certaine quantité de plomb ; mais ils devront toujours présenter le même volume. Ces poids peuvent être faits d'un seul jet ou formés de deux pièces seulement, savoir : le cylindre et le bouton ; mais, dans ce dernier cas, le bouton devra être monté à vis sur le corps du poids, et fixé invariablement par une cheville ou petite vis, à fleur de la surface. Cette cheville sera en cuivre rouge, afin de la distinguer facilement.

On pourra aussi construire des poids en cuivre d'un kilogramme ou d'un de ses sous-multiples dans la forme de godets coniques qui s'empilent les uns dans les autres, et se trouvent ainsi renfermés dans une boîte, qui est elle-même un poids légal.

La surface des poids en cuivre devra être nette et ne laisser apercevoir aucun corps étranger qu'on aurait chassé dans le cuivre, ni aucune soufflure qui permettrait d'en introduire.

Les dénominations seront inscrites en creux et en caractères lisibles sur la surface supérieure des poids. Chaque poids devra porter le nom ou la marque du fabricant.

N° 6.

INSTRUMENS DE PESAGE.

Les instrumens de pesage sont :

1° Les balances à bras égaux ;

2° Les balances-bascules ;

3° Les romaines.

Les balances à bras égaux, désignées sous le nom de balances de magasin ou de comptoir, devront être solidement établies. Les fléaux devront être plus larges qu'épais, principalement au centre occupé par les couteaux ou pivots qui les traversent perpendiculairement, et dont les arêtes devront former une ligne droite. Les poids extrêmes de suspension devront être placés à égale distance de ces couteaux. Les fléaux ne devront pas vaciller dans les chapes. Les balances devront être oscillantes. Leur sensibilité demeure fixée à un deux-millième du poids d'une portée.

Les balances-bascules devront être oscillantes, et établies de manière à donner, quel que soit le poids dont on charge le tablier, un rapport de 1 à 10. Ces instrumens, dont la portée ne peut être moindre de 100 kilogrammes, devront être solidement construits. Il ne pourra être employé à leur usage que des poids fabriqués suivant les formes et dénominations prescrites dans le tableau n° 4.

L'indication de chaque balance-bascule sera exprimée en kilogrammes sur une plaque de cuivre incrustée dans le montant en bois. La sensibilité pour ces sortes d'instrumens demeure fixée à un millième du poids d'une portée.

Les romaines devront être solidement construites. Les couteaux auxquels elles sont suspendues devront avoir une arête assez fine pour faciliter les mouvemens du fléau ; les leviers devront être assez forts pour ne pas fléchir sous le poids curseur qui les accompagne. L'aiguille dont chaque levier est traversé par le haut ne devra pas frotter dans la châsse.

Les romaines devront être oscillantes. Toute autre espèce est prohibée.

La sensibilité pour ces instrumens demeure fixée à 1/500e du poids d'une portée.

Les romaines porteront seulement les divisions décimales représentant les poids légaux. Toute autre division est interdite. Leur portée sera exprimée en kilogrammes sur chacune des faces divisées.

Tout instrument de pesage devra porter le nom ou la marque du fabricant.

N° 7.

INSTRUMENS DE MESURAGE POUR LE BOIS DE CHAUFFAGE.

Les membrures qui représentent les dimensions des mesures de solidité, du demi-décastère, du double stère, du stère, et destinées à mesurer le bois de chauffage, seront construites en bon bois ; les pièces qui les composent devront être bien dressées et assemblées solidement.

Chaque membrure sera formée d'une sole, de deux montans et de deux contrefiches ; elle doit avoir de plus deux sous-traits.

La longueur de la sole entre les montans est fixée ainsi :

Demi-décastère,	3 mètres.
Double stère,	2 mètres.
Stère,	1 mètre.

Pour les bois coupés à 1 mètre de longueur, la hauteur des montans sera :

Demi-décastère,	1 mètre 667 millimètres.
Double stère et stère,	1 mètre.

Cette hauteur variera suivant la longueur des bois, de manière à toujours reproduire un solide de 1, 2 ou 5 mètres cubes.

On pourra construire aussi des membrures en fer du double stère et du stère, pourvu qu'elles réunissent les conditions de justesse et de solidité nécessaires, et qu'elles soient garnies de rondelles adhérentes en étain ou en plomb, pour faciliter l'application des marques de vérification.

(Extrait du *Moniteur* du 19 juin 1839.)

TRAITÉ COMPLET

ET RAISONNÉ

DES POIDS ET MESURES.

CHAPITRE PREMIER.

*Notions préliminaires , définitions , lignes , surfaces ,
volumes.*

1. L'ESPACE OU ÉTENDUE est indéfini. Il renferme trois dimensions, longueur, largeur et hauteur.

La hauteur comprend la hauteur proprement dite, l'épaisseur et la profondeur. Ainsi on dit la hauteur d'un édifice, l'épaisseur d'une voûte, la profondeur d'un précipice.

2. L'unité est une quantité prise arbitrairement pour servir de terme de comparaison entre deux

quantités de même espèce. Ainsi, un mètre, une aune, une toise, un gramme, sont des unités.

On entend par quantité tout ce qui est susceptible d'augmentation ou de diminution.

3. Le résultat d'une comparaison se nomme rapport, et comme deux quantités peuvent être comparées de deux manières, il y a nécessairement deux espèces de rapports : le rapport arithmétique ou par différence, qui exprime la différence existant entre les quantités comparées ; et le rapport géométrique ou par quotient, ou simplement rapport, qui détermine le quotient de ces quantités, et par conséquent le nombre de fois que l'une contient l'autre ou y est contenue.

Cette dernière espèce de rapport est la seule dont nous aurons à parler. En général, un rapport se représente sous la forme d'une fraction ordinaire.

4. MESURER, c'est déterminer le rapport existant entre deux quantités dont l'une, fixe et invariable, est appelée *unité de mesure* ou simplement *mesure*.

Cette mesure prend le nom *d'unité linéaire*, *d'unité de surface* ou *de superficie*, *d'unité de volume*, *d'unité de poids*, etc., suivant que la quantité que l'on mesure est une *longueur*, une *surface*, un *volume* ou un *poids*.

5. Les dimensions de l'étendue, prises isolément, puis deux à deux, et enfin toutes ensemble, donnent lieu à trois espèces de figures connues sous les dénominations générales de *lignes*, *surfaces*, *volumes* ou *corps*. Nous allons nous occuper successivement de chacune de ces figures.

DES LIGNES.

6. La *ligne* ne comprend, des trois dimensions de l'espace, que la *longueur*. Les extrémités d'une ligne se nomment *points*. Le *point* n'a ni *longueur*, ni *largeur*, ni *épaisseur*. Il y a plusieurs sortes de *lignes* : la *ligne droite*, la *ligne courbe*, la *ligne brisée*. La première est celle dont nous aurons le plus besoin dans la suite de cet ouvrage. Elle mesure la plus courte distance d'un point à un autre.

Ainsi la ligne A B, qui joint les deux points A et B, est une ligne droite, et les points A et B en sont les extrémités. On conçoit facilement qu'une ligne peut être décomposée en une infinité de points.

7. La circonférence est, parmi les lignes courbes, celle dont tous les points sont également éloignés d'un point intérieur qu'on appelle, à cause de cette propriété, centre de la circonférence.

La ligne A B C D est une circonférence dont le point intérieur O est le centre. La ligne droite O A, qui joint au centre le point A de la circonférence, en est le rayon, et la ligne A O B le

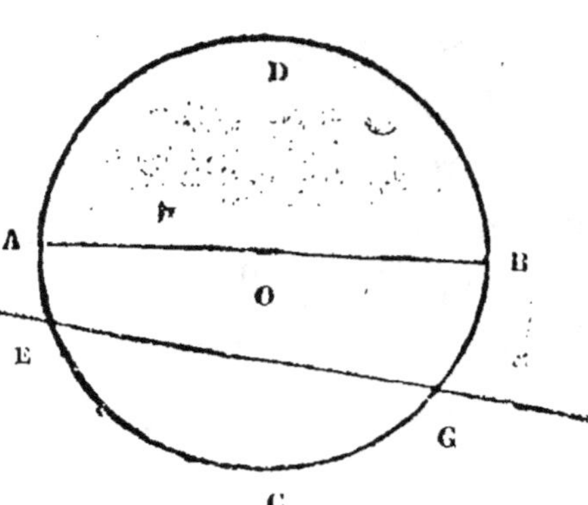

diamètre. Le diamètre est double du rayon ; il passe par le centre et divise la circonférence en deux parties égales. Toute ligne, autre que le diamètre, coupant la circonférence, est une sécante. La partie de la sécante comprise entre deux points de la circonférence se nomme *corde*, et la partie de la circonférence comprise entre les deux extrémités de la corde est un arc. Ainsi la partie E F G est un arc sous-tendu par la corde E G.

8. Mesurer une longueur, c'est déterminer combien de fois elle en contient une autre d'une grandeur fixe et invariable, prise pour unité de longueur.

9. Deux lignes (1) peuvent occuper diverses po-

(1) Nous supposons ici que les lignes dont nous parlons sont situées dans un même plan.

On nomme plan une surface telle que toute ligne droite qui a deux points communs avec elle y est située tout entière.

sitions l'une par rapport à l'autre. Elles peuvent ne point se rencontrer, de quelque côté qu'on les prolonge : on dit alors qu'elles sont parallèles entre elles.

Les lignes A B et C D nous présentent deux lignes parallèles.

Toutes les fois que deux lignes ne sont pas *parallèles*, elles se coupent en un point que l'on nomme leur point d'intersection. Elles forment alors un angle dont le sommet est le point d'intersection, et dont elles sont les côtés.

Ainsi les deux lignes AB AC se rencontrant au point A, forment l'angle B A C dont le sommet est A et les côtés AB et AC.

Lorsque deux lignes se rencontrent de telle manière que l'une d'elles ne penche vers les extrémités de l'autre ni d'un côté ni de l'autre, ces lignes sont dites perpendiculaires entre elles, et l'angle BAC qu'elles forment au point A s'appelle un angle droit.

DES SURFACES.

10. La *surface* ne réunit que deux des dimensions de l'étendue, *longueur* et *largeur*. Elle est la partie des corps qui frappe nos regards.

L'espace compris par une circonférence se nomme cercle.

Mesurer une *surface*, c'est chercher son rapport avec une autre surface déterminée appelée *unité de superficie*.

La figure que l'on a choisie pour *unité de surface* ou *de superficie* est le carré. Cette figure est formée par quatre lignes égales qui se coupent deux à deux et à angles droits.

Ainsi la figure A B CD nous représente un carré dont la surface est l'espace renfermé entre les quatre côtés AB CD AD. B C.

11. Le carré fait sur une ligne double est quatre fois plus grand que celui fait sur une ligne simple. Ainsi le carré fait sur un mètre de longueur est un mètre carré, tandis que celui construit sur une longueur de deux mètres contient dans sa surface quatre mètres carrés. Ce principe est d'autant plus important à constater, qu'on s'exposerait, en n'y faisant pas attention, à des erreurs de calcul très-graves. Ainsi il faut bien se garder de confondre un dixième de mètre carré avec un décimètre carré. Ces deux mesures ne sont pas du tout les mêmes : en effet, un dixième de mètre carré est la dixième partie d'un carré dont le côté est un mètre, tandis qu'un décimètre carré n'est, au contraire, que le carré dont le côté est un décimètre, et, par conséquent, dix fois moindre qu'un dixième de mètre carré.

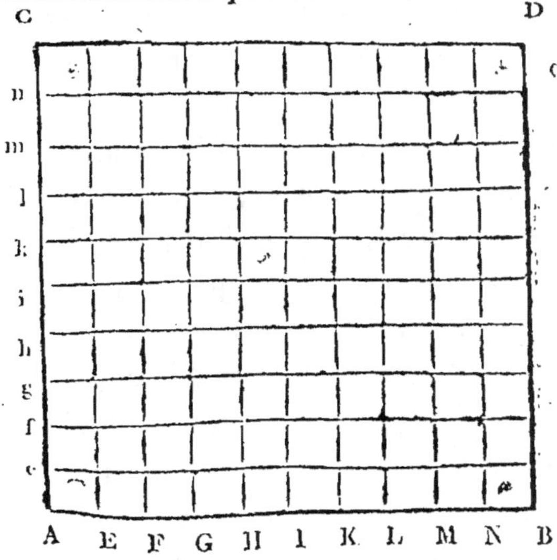

C'est d'ailleurs ce que l'on peut facilement vérifier.

En effet, supposons un carré ABCD construit sur un côté AB de la longueur d'un mètre. Si on divise la base de ce carré en dix parties égales, chacune de ces parties représentera une longueur d'un décimètre. En menant par chaque point de division des perpendiculaires à AB, le carré ABCD sera divisé en dix bandes rectangulaires, qui seront toutes égales à un dixième de mètre carré. Si on divise de même la ligne AC en dix parties égales, et que par le point de division e on mène une parallèle à AB, cette parallèle formera avec chacune des lignes menées par les points EFG, et perpendiculairement à A B, dix petits carrés qui auront tous un décimètre de côté. Chacune des parallèles menées des points f, g, h, etc., devant donner le même résultat, il s'ensuit que l'on aura, dans la totalité du carré formé sur une longueur de un mètre, dix fois dix petits carrés ayant un décimètre de côté ou cent décimètres carrés. Donc le dixième du mètre carré est dix fois plus grand que le décimètre carré. Le même raisonnement prouverait que le carré fait sur une longueur de dix mètres contient cent mètres carrés, et généralement que le carré fait sur une ligne quelconque est cent fois plus grand que le carré construit sur une ligne dix fois moindre.

Dans les nouvelles mesures, les multiples et sous-multiples de chaque unité principale étant tous de dix en dix fois plus grands ou plus petits que cette unité, pour avoir en mètres carrés la valeur de 55 hectomètres carrés, il suffira de remarquer que l'hectomètre est cent fois plus grand que le mètre, et doit contenir 10,000 fois un mètre carré, par conséquent 55 hectomètres carrés contiendront 55 fois 10,000 mètres carrés, ou 550,000 mètres carrés.

12. On a remarqué que le nombre qui représente la quantité d'unités de surface contenues dans un carré est égal au produit des nombres représentant les unités contenues dans chacune de ses dimensions. De là on conclut que pour déterminer la surface d'un carré, il suffit de multiplier le nombre des unités de la *base* par celui des unités contenues dans la *hauteur*. Dans le carré, la *base* est le côté sur lequel on le suppose appuyé, et la *hauteur* qui est égale à la *base* est le côté qui lui est perpendiculaire.

VOLUME.

13. Le volume comprend les trois dimensions de l'étendue, *longueur*, *largeur* et *hauteur*.

On appelle corps tout ce qui tombe sous nos sens, tout ce qui peut produire en nous quelque sensation, soit par la vue, soit par le toucher, l'ouïe, l'odorat ou le goût (1).

Tout corps peut être considéré sous trois points de vue différents, par rapport à son volume, à sa masse et à sa figure. La place occupée par un corps dans l'espace représente le volume de ce corps. S'il s'agit d'un corps creux, d'un vase, par exemple, son volume prend le nom de capacité. Ainsi on dit un volume d'eau, la capacité d'un tonneau.

La masse d'un corps est la somme des parties matérielles qui le composent, la masse détermine le poids du corps ; sa figure est déterminée par la forme et la position des surfaces qui servent de limite à ses dimensions.

14. Mesurer un *volume*, c'est déterminer son rapport

---

(1) Le toucher, la vue, l'ouïe, l'odorat et le goût, sont les cinq sens qui nous ont été donnés par la nature : par le toucher, nous connaissons l'état des corps, s'ils sont flexibles ou résistans, s'ils sont froids ou chauds, secs ou humides ; la vue nous indique leurs formes, leurs dimensions, leurs couleurs ; par le goût, nous constatons leurs saveurs ; l'ouïe nous apprend qu'ils sont sonores ; enfin l'odorat nous indique et nous fait distinguer les odeurs qu'ils exhalent.

avec l'unité invariable appelée *unité de volume*, ou
en d'autres termes, c'est chercher combien de fois
il contient l'unité de volume ou y est contenu.

La figure adoptée pour unité de volume est le
cube. Il est formé par six faces carrées égales
entre elles et se coupant à angles droits. L'espace renfermé dans ces six faces est le volume du cube. Le

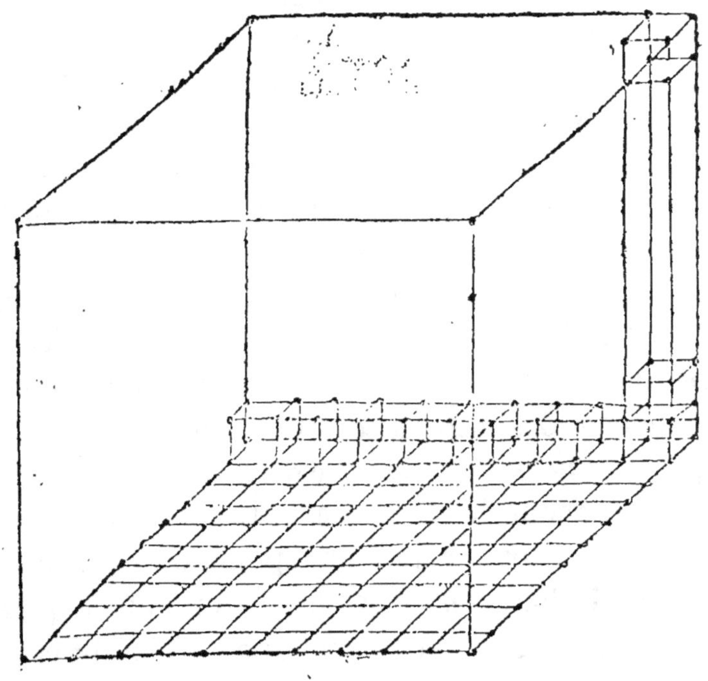

dé à jouer nous donne de sa forme une idée exacte.

15. Le volume du cube est égal au produit de ses trois dimensions : le cube construit sur une ligne double est huit fois plus grand que celui fait sur une ligne simple. Ainsi le cube fait sur un mètre de longueur sera huit fois moindre que celui fait sur une longueur de deux mètres, puisque dans le premier cas, on n'obtiendra qu'un mètre cube, tandis que dans le second on en obtiendra huit.

Il est utile de faire ici, à l'occasion du cube, la remarque à laquelle l'examen du carré a déjà donné lieu. Ainsi, il faut bien se garder de confondre un dixième de mètre cube avec un décimètre cube, attendu que celui-ci n'est que la centième partie du premier. En effet, supposons un cube construit sur une ligne d'un mètre de longueur : la base de ce cube, qui sera alors un mètre carré, contiendra, ainsi que chacune des autres faces, cent décimètres carrés. Supposons la hauteur du cube divisée en dix parties égales. Chacune de ces parties aura un décimètre de longueur. Si par le premier point de division à partir de la base on mène un plan parallèle (1) à cette base, on obtiendra ainsi une portion du cube

(1) Deux plans parallèles sont ceux qui ne peuvent jamais se rencontrer, à quelque distance qu'on les prolonge.

qui en sera la dixième partie, puisque en menant
par chacun des points de division de la hauteur
des plans parallèles au premier, on diviserait le
cube total en dix petits volumes qui auraient tous les
mêmes dimensions, et qui par conséquent seraient
égaux entre eux. D'après cela, si on suppose, ainsi
qu'on l'a fait pour la base inférieure du cube, que
la base supérieure de la bande qui a été obtenue
soit divisée en petits carrés d'un décimètre carré,
elle en contiendra aussi cent, puisque cette surface
est elle-même celle d'un mètre carré : cela fait, si
on regarde chacun des petits carrés de la base
inférieure et son correspondant dans la base supérieure comme les bases inférieure et supérieure d'un
petit cube qui aurait pour dimensions un décimètre
cube, cette partie du cube total que l'on considère contiendra cent petits cubes d'un décimètre de côté : le décimètre cube n'est donc que
la centième partie d'un dixième de mètre cube ;
enfin chacune des autres parties dont on a fait
abstraction devant contenir le même nombre de
décimètres cubes que celle-là, il s'ensuit que le
mètre cube contient dix fois cent décimètres cubes
ou mille décimètres cubes ; on prouverait également
que le cube fait sur une ligne quelconque est mille

fois plus grand ou plus petit que celui qui serait construit sur une longueur dix fois moindre ou plus grande.

16. Tous les multiples et sous-multiples d'une mesure quelconque du système métrique étant de dix en dix fois plus grands ou plus petits qu'elle, pour avoir en mètres cubes la valeur de cinq décamètres cubes, il suffira d'observer qu'un mètre étant la dixième partie du décamètre, le cube de ce dernier doit contenir mille mètres cubes. Alors exprimer en mètres cubes la valeur de cinq décamètres cubes, revient à multiplier par 1000 le nombre proposé.

17. On a également remarqué que le nombre qui représente la quantité d'unités de volume contenus dans un cube est égal au produit des unités contenues dans chacune de ses dimensions. De là on a conclu que le volume d'un cube est égal au produit du nombre des unités de surface contenues dans sa base par celui des unités de longueur contenues dans sa hauteur ; ou en d'autres termes, le volume d'un cube est égal au produit de ses trois dimensions. La base d'un cube est la face sur laquelle il se trouve placé ; la hauteur est la perpendiculaire à la base prolongée jusqu'à la rencontre de la face opposée qui s'appelle la base supérieure du cube ; l'autre se

nomme sa base inférieure ; les autres faces en sont les faces latérales.

18. Nous terminerons ici les notions préliminaires dont nous avons jugé la connaissance indispensable pour l'intelligence complète des nouvelles mesures.

Le maître, avant de passer aux chapitres suivans, devra s'assurer que ses élèves ont bien compris toutes les définitions qui précèdent. Il devra s'appliquer surtout à leur faire comprendre la position que peuvent prendre des lignes dans l'espace, afin de bien faire sentir la définition des lignes parallèles. Il devra s'appesantir sur la théorie de la mesure des surfaces et des cubes ; expliquer clairement comment le carré fait sur un mètre est le quart du carré fait sur une longueur double ; comment le cube fait sur un mètre n'est que le huitième du cube construit sur une longueur double. Il pourra facilement démontrer le premier de ces principes, en comparant sur le tableau noir le carré fait sur une ligne entière et celui effectué sur la moitié de cette ligne. Pour le cube, il serait peut-être trop difficile de faire comprendre par le même moyen le principe énoncé, vu la complication d'une figure tracée sur le tableau. On pourra suppléer à cet inconvénient au moyen d'un cube en bois décomposé en huit petits cubes qui pourraient s'annexer les uns aux autres au moyen de petites pointes fixées dans chacun des huit petits cubes formant le cube total ; le maître mettrait d'abord sous les yeux de ses élèves un petit cube seul ; puis, les réunissant ensuite tous les huit, il leur ferait voir que la réunion de ces huit petits cubes n'est autre chose que le cube fait sur la ligne double ; enfin il pourra faire la répétition générale de tout ce qui précède, au moyen du questionnaire suivant.

QUESTIONNAIRE DES NOTIONS PRÉLIMINAIRES.

1° Définissez l'espace.

2° Quelles sont ses dimensions ?

3° Qu'est-ce qu'une unité, une quantité ?

4° Définir le rapport en général.

5° Combien y a-t-il de sortes de rapports ?

6° Définir chacun d'eux.

7° Qu'est-ce que mesurer ?

8° Qu'entend-on par unité de mesure ?

9° Définir les unités linéaire, de surface, de volume, de poids.

10° Quelles sont les figures auxquelles donnent lieu les combinaisons des trois dimensions de l'étendue ?

11° Définir la ligne, le point.

12° Combien y a-t-il d'espèces de lignes ?

13° Qu'est-ce que la ligne droite ?

14° Définir la circonférence.

15° Qu'est-ce que le centre de la circonférence ?

16° Définir le rayon, le diamètre, la sécante, la corde, l'arc.

17° Qu'est-ce que mesurer une longueur ?

18° Qu'appelle-t-on lignes parallèles ?

19° Quand deux lignes sont-elles perpendiculaires entre elles?

20° Qu'est-ce qu'un angle ? Définir l'angle droit.

21° Qu'est-ce qu'une surface ? Qu'est-ce qu'un cercle ?

22° Qu'est-ce que mesurer une surface ?

23° Quelle est l'unité de superficie, sa forme ?

24° A quoi est égale la surface d'un carré ? Comment l'obtient-on ?

25° A quoi est égal le carré fait sur une ligne double ?

26° Faire voir que le carré fait sur une ligne est le quadruple de celui fait sur la moitié de cette ligne.

27° Combien le carré fait sur une ligne quelconque contient-il de fois le carré dont le côté est la dixième partie de cette ligne ?

28° Définir la base, la hauteur d'un carré.

29° Qu'est-ce qu'un volume ? Qu'est-ce qu'un corps ?

30° Qu'entend-on par capacité ?

31° Sous combien de points de vue différens peut-on envisager un corps ?

32° Qu'est-ce que la masse d'un corps, sa figure ?

33° Par quoi est représenté son volume ?

34° Qu'est-ce que mesurer un volume ?

35° Définition du cube.

36° A quoi est égal le cube fait sur une ligne double ?

37° Faire voir que le cube construit sur une ligne est huit fois plus grand que celui fait sur la moitié de cette ligne.

38° Combien le cube fait sur une ligne quelconque contient-il de fois le cube dont le côté est la dixième partie de cette ligne ?

39° Définir la base, la hauteur d'un cube.

40° A quoi est égal le volume d'un cube ?

CHAPITRE II.

ANCIEN SYSTÈME.

Mesures de longueur, de surface, de volume, de super-ficie, de poids, monétaire, de temps, circulaire.

19. Le nombre des anciennes mesures étant très-considérable, il serait aussi difficile de définir et d'évaluer chacune d'elles qu'il serait peu important de les connaître toutes. Aussi nous contenterons-nous dans ce volume, où nous n'en parlerons d'ailleurs que *pour mémoire*, de citer celles dont l'emploi continuel dans le commerce nécessite la connaissance exacte, pour l'évaluation de chacune d'elles en unités de l'espèce correspondante du nouveau système métrique.

On peut avoir à mesurer une longueur, une surface, un volume ; la capacité d'un vase, le poids d'un corps, la valeur d'un lingot ou d'une quantité quelconque, le temps nécessaire pour parcourir une distance ; chacune de ces opérations exigeant des mesures différentes, on a dû nécessairement créer autant d'espèces d'unités de mesure qu'il en fallait

pour satisfaire à tous ces besoins : nous allons définir successivement celles de ces unités dont l'usage
a été jusqu'ici le plus fréquent.

Mesures de longueur.

20. On employait pour mesurer les longueurs
trois unités différentes, la toise, l'aune, et la lieue.

21. *Toise*. La toise était l'unité principale de longueur, elle se subdivisait en pieds, pouces, lignes
et points. Elle valait 6 pieds, 72 pouces, 864 lignes,
10368 points. Le pied valait 12 pouces, 144 lignes,
1728 points. Le pouce valait 12 lignes, 144 points :
enfin la ligne valait 12 points.

La toise s'employait principalement dans les ateliers de construction, d'ébénisterie, de maçonnerie ;
elle servait à mesurer de petites longueurs, telles
que les dimensions d'une chambre, d'un meuble.
Celle de ses subdivisions le plus en usage était le
pied de roi, qui était divisé en douze parties égales
appelées pouces. Chaque pouce était divisé aussi en
douze lignes. Cet instrument était ordinairement fait
en buis et composé de deux parties égales réunies
par une charnière en cuivre, qui permettait de le plier
en deux et en rendait le transport plus facile ; les deux
extrémités étaient ordinairement aussi en cuivre.

22. *Aune.* On l'employait pour mesurer les draps, les toiles, les étoffes. L'aune dérivait de la toise et valait 3 pieds 7 pouces, 11 lignes 10 points ou $0^r.610918$. Cette mesure, dite aune de Paris, était la plus grande et la plus généralement adoptée dans le commerce. On ne comptait point les parties d'aunes par pouces et lignes. L'aune était un bâton de la longueur indiquée ci-dessus, ayant à peu près un pouce d'équarrissage ; l'une de ses faces était divisée d'abord par moitié et par quart, au moyen de clous en cuivre. Chaque quart était divisé en deux parties égales, que l'on appelait 1/8. Enfin chaque huitième était encore divisé en deux parties égales que l'on appelait 1/6. Dans les magasins, l'aune était ordinairement placée en évidence sur le comptoir et soutenue par deux bras en fer ou en cuivre ; dans quelques boutiques, et principalement chez les épiciers, une des extrémités du comptoir était divisée ainsi qu'il a été expliqué ci-dessus, et tenait lieu d'aune.

23. *Lieue.* Enfin les longues distances s'exprimaient en lieues terrestres, lieues de postes, lieues marines, milles marins. La lieue terrestre (dite de 25 au degré) (1) avait en longueur $2280^r.33$; la lieue de

____

(1) La circonférence a été divisée en 360 parties égales appelées degrés : le quart du méridien contient 90 degrés,

poste, 2000 toises. Ces lieues servaient à mesurer les distances terrestres. La lieue marine (dite de 20 au degré) et le mille marin (dit de 60 au degré), qui valaient l'une 2850^T 411, l'autre 950^T 197 , servaient à mesurer les distances par mer de deux contrées.

Mesures de surface.

24. Les unités de surface étaient au nombre de quatre, la toise carrée, la perche carrée, l'arpent et la lieue carrée.

25. TOISE CARRÉE. La toise carrée se décomposait en pieds carrés, pouces carrés, lignes carrées. Elle contenait 36 pieds carrés , 5184 pouces carrés, 746469 lignes carrées.

Le pied carré contenait 144 pouces carrés, 20736 lignes carrées.

Enfin le pouce carré contenait 144 lignes carrées. La toise carrée comme mesure de surface, de même que la toise linéaire comme mesure linéaire, ne servait qu'à mesurer les petites surfaces ; dans les ate-

---

la distance d'un degré à l'autre est de 25 lieues terrestres ou de 25 fois 2280^t,33 ; de sorte que le quart du méridien terrestre, qui contient 5130740 toises, renferme 2250 lieues terrestres.

liers et dans les chantiers de construction, on trouve souvent dans l'expression des surfaces en anciennes mesures des toises pieds, toises pouces, etc. Ces expressions indiquent des surfaces ayant une ou plusieurs toises de longueur sur un ou plusieurs pieds, ou un ou plusieurs pouces de largeur. Ainsi une surface qui aurait deux toises de longueur sur trois pieds de largeur contiendrait 6 toises pieds.

26. PERCHES CARRÉES. Les terrains de peu d'étendue s'évaluaient en perches carrées : elles étaient de deux sortes, l'une, dite perche (eaux et forêts) de 22 pieds, contenait 484 pieds carrés ; l'autre, dite perche de Paris, n'avait que 18 pieds de long, et ne contenait que 324 pieds carrés.

27. ARPENS. Les superficies d'une certaine dimension, telles que les prairies, les forêts, s'évaluaient en arpens. Il y avait deux espèces d'arpens, comme deux espèces de perches carrées. L'un, dit arpent (eaux et forêts), contenait cent perches carrées de 22 pieds, ou 1344,444 toises carrées, et l'autre, arpent de Paris, contenait 100 perches carrées de 18 pieds ou 900 toises carrées ; l'arpent et la perche carrés étaient désignés vulgairement sous la dénomination générale de *mesures agraires*.

28. LIEUES CARRÉES. Enfin, pour évaluer l'étendue superficielle d'un pays, d'une contrée, on employait comme unité de mesure la lieue carrée, qui valait 5199904,9089 toises carrées.

Mesures de volumes.

29. Les volumes sont de deux sortes, les volumes proprement dits ou solides, tels qu'un bloc de pierre ou de marbre; les volumes formés par l'assemblage de plusieurs petits corps détachés, tels qu'un monceau de blé ou de grains quelconques, un amas de liquide, pouvant facilement se modeler dans un vase; de là deux sortes de mesures de volumes ; les mesures de volumes proprement dits ou solides, et les mesures de capacité : ces dernières sont encore de deux espèces différentes, suivant qu'elles sont employées pour les liquides ou pour les matières sèches.

Mesures de volumes proprement dits ou solides.

30. Ces mesures étaient au nombre de trois, la toise cube, la corde et la solive.

31. TOISE CUBE. La toise cube était l'unité principale de volume : elle se subdivisait en pieds cubes, pouces cubes, lignes cubes, et valait 216 pieds cubes, 373248 pouces cubes, 644972544 lignes cubes.

Le pied cube se décomposait en pouces cubes et lignes cubes, et valait 1728 pouces cubes, ou 2985984 lignes cubes.

Enfin le pouce cube valait 1728 lignes cubes.

La toise cube et ses subdivisions pour la mesure des volumes n'étaient en usage que dans les ateliers et les chantiers de construction.

32. On trouve souvent dans les anciens calculs des expressions de volumes en toises toises pieds, toises toises pouces, toises toises lignes, toises pieds pouces, etc. Ces expressions indiquent les diverses dimensions des volumes qu'elles représentent. Ainsi, par exemple, un volume ayant pour dimensions une toise de longueur et une toise de largeur sur un pied de hauteur, représente une toise toise pied.

De même un volume ayant une toise de long sur un pied de large et un pouce de haut serait exprimé en toise pied pouce.

La toise toise pied valait 36 pieds cubes, la toise toise pouce en contenait 3; enfin la toise toise ligne valait 432 pouces cubes. La toise pied pied valait 6 pieds cubes; la toise pied pouce valait 864 pouces cubes, et la toise pied ligne en valait 24.

33. CORDE. La corde (eaux et forêts) valait 112 pieds cubes; elle servait à mesurer le bois de chauf-

fage ; la voie de Paris était moitié de la corde (eaux et forêts), et valait par conséquent 56 pieds cubes. La première avait 8 pieds de couche, 4 pieds de haut et 3 pieds 6 pouces (longueur de la bûche) de long ; la voie, conservant ses autres dimensions égales à celles de la corde, n'avait que 4 pieds de couche.

34. SOLIVE. La solive était une pièce de bois longue et régulière, qui, quoique variant dans ses dimensions, avait toujours une valeur constante de 3 pieds cubes, ou 5184 pouces cubes ; elle servait à l'équarrissage des bois de charpente, et se subdivisait en marques et chevilles ; elle valait 12 marques et 3600 chevilles ; la marque valait 300 chevilles, la cheville 12 pouces cubes.

Mesures de capacité (matières sèches).

35. L'unité principale employée pour la mesure des matières sèches était le boisseau : sa capacité était d'environ 655 pouces cubes 36. Ses multiples étaient le muid et le setier, son sous-multiple était le litron. Le muid contenait 12 setiers ou 144 boisseaux, le setier contenait 12 boisseaux ; le litron était la 16ᵉ partie du boisseau, il contenait 40 pouces cubes 86. Ces mesures ainsi définies servaient

à mesurer les grains ; le boisseau avait la même capacité pour toutes les denrées au mesurage desquelles on l'employait ; mais il n'en était pas de même de ses multiples : ainsi, le setier avait des valeurs différentes pour les grains, le sel, l'avoine, le charbon ; le setier de sel valait 16 boisseaux, celui d'avoine en valait 24, et enfin celui de charbon en contenait 32. Le muid qui contenait 12 setiers de chacune des autres matières, n'en contenait que 10 de charbon. Le boisseau employé dans le commerce avait la forme d'un cylindre dont la hauteur était égale au diamètre et contenait 9 pouces,294.

Mesures de capacité (liquides).

36. L'unité principale des mesures de capacité pour les liquides était la pinte ; sa capacité était de 46 pouces cubes, 95 ; ses multiples étaient le muid de vin, valant deux feuillettes, ou 36 veltes, ou 288 pintes ; la feuillette valait 18 veltes ou 144 pintes. Ses sous-multiples étaient la chopine, le demi-setier et le poisson ; la chopine contenait une demi-pinte, le demi-setier contenait une demi-chopine ou un quart de la pinte ; enfin le poisson était moitié du demi-setier ou le quart de la chopine, ou enfin le 8e de la pinte ; sa capacité était de 5 pouces cubes 88.

La pinte employée dans le commerce et ses subdivisions étaient des cylindres en étain dont la
hauteur était double du diamètre : chacune de ces
mesures avait une anse de même métal.

Mesures pour les poids.

37. L'unité principale de mesure pour les poids
était la livre marc. Ses multiples étaient le tonneau
de mer, le millier et le quintal. Le premier pesait
2 milliers ou 20 quintaux, ou 2000 livres. Le millier
représentait mille livres ou dix quintaux ; le poids
du quintal était de cent livres. On n'évaluait en
tonneaux de mer, milliers et quintaux, que les
fortes pesées.

38. La livre se divisait en marcs, onces, gros, deniers, grains ; elle pesait deux marcs ou 16 onces, ou
128 gros, ou 384 deniers, ou 9216 grains. Le marc
pesait 8 onces ou 64 gros, ou 192 deniers ou 4608
grains. L'once pesait 8 gros ou 24 deniers, ou 576
grains. Le gros pesait 3 deniers ou 72 grains ; le
denier pesait 24 grains.

39. Les lapidaires et les joailliers prenaient pour
unité de poids de l'or et des pierres fines, le carat,
qui valait 3 grains 876. Un instrument essentiel
pour le pesage est la balance : nous en parlerons

avec quelques détails à l'article poids, dans l'exposition du nouveau système métrique.

Monnaies.

40. L'unité monétaire était la livre tournois ; elle se subdivisait en sous et deniers ; le sou valait 12 deniers.

41. Le titre des pièces de monnaie exprime la quantité de fin qu'elles contiennent.

Les anciennes monnaies d'or et d'argent étaient cotées au titre de 11/12 sous diverses dénominations : ainsi l'argent, estimé à douze deniers dans son état de plus grande pureté, n'entrait que pour 11 deniers dans la composition des pièces de monnaie ; de même l'or, estimé à 24 carats dans sa plus grande pureté, n'entrait dans les monnaies que pour 22 carats : ainsi, une pièce d'argent pesant douze deniers ne contenait réellement que 11 deniers d'argent fin, et une pièce d'or pesant 24 carats n'en contenait que 22 en or fin.

L'unité monétaire n'avait pas de multiples.

Unité de temps.

42. L'unité de temps est le jour : il vaut 24 heures,

l'heure 60 minutes, la minute 60 secondes, la seconde 60 tierces.

Du jour, on a formé la semaine, qui vaut 7 jours ; le mois, qui contient 28, 29, 30 ou 31 jours ; l'année, qui contient 12 mois, ou 52 semaines, ou 365 jours.

Le siècle est la collection de cent années.

On emploie ces différentes dénominations en chronologie pour déterminer les dates et les époques.

La durée de l'année est basée sur le temps que met le soleil à décrire l'écliptique. Ce temps est de 365 jours, 5 heures, 48 minutes, 48 secondes.

L'année que l'on considère vulgairement et qui sert à déterminer les époques est appelée année civile ; elle est commune ou bissextile, suivant que sa durée comprend 365 ou 366 jours : dans ce dernier cas, le mois de février comprend 29 jours au lieu de 28 ; sur quatre années consécutives, trois sont communes, la 4.e est bissextile.

L'année qui termine un siècle s'appelle année séculaire ; sur quatre années séculaires, une seule est bissextile.

Division du cercle.

43. Le cercle a été divisé en 360 parties égales appelées degrés. Le degré se subdivise en 60 minutes,

la minutes en 60 secondes, la seconde en 60 tierces. Ces divisions s'emploient plus spécialement en astronomie, où on mesure la latitude et la longitude d'un lieu en degrés, minutes et secondes : elles servent aussi pour la mesure des angles.

Calcul des anciennes mesures.

44. L'emploi des anciennes mesures a donné naissance au calcul des nombres complexes ; l'exposition de ce calcul étant beaucoup trop longue et trop compliquée pour qu'elle puisse être développée dans cet ouvrage, nous renvoyons le lecteur au Cours complet d'arithmétique théorique et pratique de M. L. J. George, dans lequel la théorie des nombres complexes a été traitée de la manière la plus claire et la plus complète.

Nota. La latitude d'un lieu est la distance de ce lieu à l'équateur.

La longitude d'un lieu est la distance de ce lieu au premier méridien.

Elle se mesure par l'arc qui joint le premier méridien à celui passant par le lieu que l'on considère.

QUESTIONNAIRE DU DEUXIÈME CHAPITRE.

1°. Combien y a-t-il d'unités différentes de longueur?

2°. Qu'est-ce que la toise, le pied, le pouce, la ligne, le point?

3°. Qu'est-ce que l'aune? son usage; comment la subdivise-t-on?

4°. Qu'est-ce que la lieue? Qu'entend-on par lieue de 25 au degré?

5°. Définir les différentes espèces de lieues.

6°. Combien y a-t-il d'unités différentes de surface?

7°. Qu'est-ce qu'une toise carrée? A quoi l'emploie-t-on?

8°. Qu'entend-on par toise pied, toise pouce?

9°. Qu'est-ce qu'une perche carrée?

10°. Quelle différence y a-t-il entre une perche (eaux et forêts) et une perche de *Paris*?

11°. Qu'est-ce qu'un arpent? Établir la différence existant entre l'arpent (eaux et forêts) et l'arpent de *Paris*?

12°. Qu'entend-on par mesures agraires? usage de la lieue carrée.

13°. Quelles sont les différentes espèces d'unités de volume? Usage de la toise cube, du pied cube, du pouce cube, de la ligne cube?

14°. Qu'entend-on par toise toise pieds, toise toise pouces, toise pieds pouces?

15°. Définir la corde (eaux et forêts) et la voie de Paris. Leur usage.

16°. Qu'est-ce que la solive? donner sa subdivision, son usage.

17°. Quelle est l'unité de mesure de capacité pour les matières sèches ? donner ses subdivisions et ses multiples, la forme sous laquelle on s'en sert dans le commerce.

18°. Quelle est l'unité de mesure de capacité pour les liquides? faire connaître ses subdivisions et ses multiples; la forme sous laquelle elle est représentée dans le commerce.

19°. Quelle est l'ancienne unité de poids? Faire connaître ses multiples et ses subdivisions.

20°. Quelle était l'unité de poids des lapidaires et joailliers pour les pierres précieuses et l'or ?

21°. Nommer l'ancienne unité de monnaie ; quelles étaient ses subdivisions,

22°. Qu'est-ce que le titre d'une pièce de monnaie ?

23°. Quel était celui des anciennes monnaies d'or et d'argent ?

24°. Comment mesure-t-on le temps ? Faire connaître les subdivisions du jour, ses multiples.

25°. Comment le cercle est-il divisé? à quel usage servent le degré et ses subdivisions ?

26°. A quelle espèce de calcul donnent lieu les anciennes mesures?

CHAPITRE III.

NOUVEAU SYSTÈME MÉTRIQUE,
dit
Système légal des Poids et Mesures.

45. Comme on a pu le remarquer dans le chapitre précédent, les anciennes mesures étaient toutes prises au hasard, et indépendamment les unes des autres. Ainsi, il n'existait aucune relation directe entre la livre poids et la toise, entre l'unité monétaire et les mesures de capacité ; de sorte que l'une quelconque de ces mesures venant à s'anéantir, il eût été impossible d'en retrouver, soit dans la nature, soit au moyen des autres, une nouvelle ayant identiquement la même valeur ; de plus, les divisions irrégulières de toutes ces mesures nécessitaient pour les opérations y relatives l'usage du calcul des nombres complexes ; calcul qui, vu les difficultés nombreuses qu'il présente, ne peut être mis facilement à la portée de toutes les intelligences. Enfin la diversité des noms servant à distinguer chacune d'elles exigeait une excellente mémoire, et contribuait par là

à en rendre l'étude pénible. Ces divers inconvéniens, joints à la multiplicité indéfinie des mesures employées, faisaient sentir de plus en plus, chaque jour, la nécessité d'un nouveau système qui, reposant sur une base fixe et invariable, considérée comme unité principale, et ne se composant que d'unités liées aussi à cette base par des relations fixes et déterminées, réuniraient tous les avantages étrangers à l'ancien, sans offrir aucun de ses inconvéniens. C'est de l'exposition de ce système si généralement réclamé, et dont la mise à exécution de la loi du 4 juillet 1837, à partir du 1er janvier 1840, va définitivement consacrer l'usage, que nous allons traiter dans ce chapitre.

46. Le nouveau système métrique, ainsi nommé parce que c'est le mètre qui en est la base et l'unité principale et invariable à laquelle se rattachent toutes les autres, est aussi appelé système légal des poids et mesures, parce que l'usage et la construction des diverses mesures qu'il renferme sont ordonnés et réglementés par des lois.

47. Les différentes unités du système métrique sont au nombre de 9, savoir : le MÈTRE pour les *longueurs;* le MÈTRE CARRÉ pour les *surfaces* ; L'ARE pour les *mesures agraires;* le MÈTRE CUBE pour les *solides;*

le STÈRE pour la mesure des *bois de chauffage* ; le LITRE pour les *capacités* ; le GRAMME pour les *poids* ; le FRANC pour les *monnaies* ; le GRADE pour les *divisions du cercle* ; l'unité de temps est la même que dans l'ancien système.

48. Les multiples de ces diverses unités, ainsi que leurs sous-multiples, sont tous de dix en dix fois plus grands ou plus petits qu'elles. Les multiples s'expriment au moyen des mots grecs, MYRIA (dix mille) ; KILO (mille) ; HECTO (cent) ; DECA (dix). Les sous-multiples se représentent par les mots latins DECI (*dixième*) CENTI(*centième*), MILLI (*millième*).

Ainsi on dit un kilomètre pour mille mètres ; un décilitre pour un dixième de litre, etc.

Ces sept mots, suivis de chacune des unités principales, forment toute la nomenclature du système métrique : toutes les unités n'ont pas le même nombre de multiples ou de sous-multiples. Le franc, par exemple, n'a pas de multiples et compte seulement deux sous-multiples, qui font même exception à la règle de formation que nous venons d'indiquer ; car, au lieu de compter par déci-francs et centi-francs, on compte par décimes et centimes.

49. La propriété dont jouissent les mesures métriques de n'avoir pour multiples et sous-multiples que

des multiples ou sous-multiples de 10 fait que l'une quelconque de ces unités se représente toujours sous la forme d'un nombre décimal ; d'où il suit naturellement que toutes les opérations à effectuer sur les unités métriques rentrent dans le calcul des nombres décimaux. Comme ce n'est pas ici le lieu de développer la théorie de ce calcul, nous renverrons le lecteur, ainsi que nous l'avons déjà fait pour celle des nombres complexes, au cours complet d'Arithmétique de M. L. J. George.

Unité de longueur.

50. L'unité de longueur est le mètre; il est la dix-millionième partie du quart du méridien terrestre; c'est-à-dire que, si l'on suppose le quart de cercle mesurant la distance du pôle à l'équateur développé suivant une ligne droite, et que l'on porte sur cette ligne une longueur égale à un mètre, cette longueur y sera contenue dix millions de fois.

51. Les multiples du mètre sont :

Le myriamètre, le kilomètre, l'hectomètre et le décamètre.

Le myriamètre vaut 10 kilomètres ou 100 hectomètres ou 1000 décamètres, ou enfin 10000 mètres.

Le kilomètre vaut 10 kilomètres ou 100 décamètres, ou enfin 1000 mètres.

L'hectomètre vaut 10 décamètres ou 100 mètres; enfin le décamètre vaut 10 mètres.

52. Les sous-multiples sont : le décimètre, le centimètre, le millimètre.

Le décimètre est la dixième partie du mètre, le centimètre est la dixième partie du décimètre, et par conséquent la centième partie du mètre ; enfin le millimètre est la dixième partie du centimètre ou la centième partie du décimètre, ou la millième partie du mètre.

53. Celles des mesures de longueur dont l'usage est autorisé dans la pratique, et dont la confection a été déterminée dans le premier tableau annexé à l'ordonnance du 16 juin 1839, sont :

Le double décamètre, le décamètre , le demi-décamètre; le double mètre , le mètre, le demi-mètre; le double décimètre , le décimètre. (Voir pour les conditions de construction de ces mesures le tableau cité plus haut, page 25.)

54. Les trois premières de ces mesures, qui, pour plus de facilité, peuvent être construites en forme de chaînes, dont les chaînons sont, y compris l'anneau qui les unit, d'une longueur de 1 ou de 2 décimètres , servent spécialement dans la pratique aux opérations de l'arpentage, c'est-à-dire à mesurer

les dimensions d'un terrain , d'une forêt, etc. Deux personnes sont nécessaires pour tenir les extrémités de la chaîne. Lorsqu'on en fait usage pour mesurer de grandes distances, on emploie des baguettes en fer terminées en pointe d'un côté, et de l'autre en forme d'un anneau. Toutes les fois que celui qui conduit la chaîne a mesuré une longueur sur le terrain , il fixe dans le sol une de ces fiches, qui indique à la personne qui tient l'autre extrémité le lieu où elle doit s'arrêter et fixer la poignée de la chaîne pour marquer une nouvelle longueur. Le conducteur ayant fixé une seconde fiche, la première est enlevée par son collaborateur, qui enlève successivement toutes celles qu'il rencontre dans le cours de l'opération ; le nombre de fiches ainsi enlevées indique le nombre de fois que la longueur de la chaîne est contenue dans le terrain mesuré, et sert ainsi à prévenir les erreurs qui pourraient avoir lieu si l'on n'en faisait pas usage ; ces fiches sont au nombre de dix. La chaîne doit être toujours parfaitement tendue.

55. Le double mètre, le mètre et le décimètre sont construits en métal ou en bois : dans ce dernier cas, les extrémités doivent être revêtues d'une plaque de métal : ces mesures sont générale-

ment des barres non flexibles; ainsi le mètre employé dans les magasins pour l'aunage des étoffes est rigide et inflexible. On fait souvent usage dans le commerce de mètres flexibles et divisés. Généralement construits en baleine, ils sont composés de dix décimètres unis les uns aux autres par des clous rivés : la facilité de les plier en dix parties fait qu'ils n'occupent qu'un volume extrêmement petit et les rend d'un transport très - commode. Leur flexibilité facilite la mesure des corps ronds, tels que, par exemple, la circonférence d'un arbre. Les chapeliers font usage d'un mètre en cuir pour prendre la mesure de la tête des personnes auxquelles ils veulent ajuster des coiffures. Les tailleurs s'en servent également pour prendre mesure d'habits. Ces mètres sont divisés en décimètres, centimètres et millimètres.

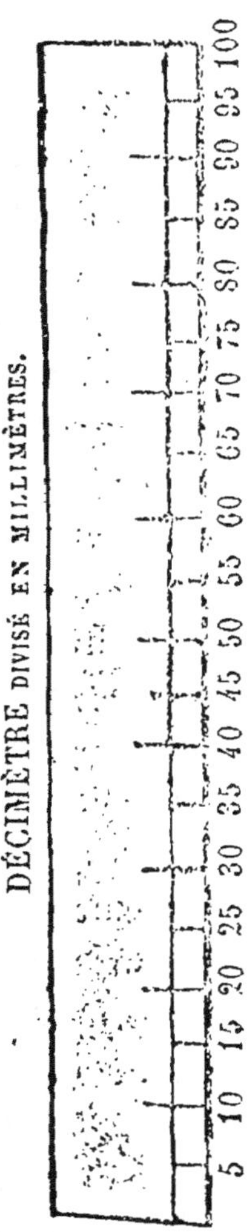

C'est au moyen du double mètre que, dans les conseils de révision, on mesure la taille des hommes, afin

de déterminer les corps dans lesquels ils peuvent entrer. La taille au-dessous de laquelle on ne peut être
admis à servir dans l'armée est de 1 mètre 760 millimètres. Pour être reçu dans un régiment de cavale-
rie, il faut avoir au moins 1 mètre 679 millimètres; un
homme de la taille de 1 mètre 761 millimètres peut
servir indistinctement dans tous les corps de l'armée.

56. Le double décimètre le plus en usage a la forme
triangulaire ; cette forme donne les moyens de repor-
ter plus exactement les subdivisions sur le papier. Il
est également divisé en centimètres et millimètres;
il est ordinairement construit en buis, parce que sur
ce bois les divisions sont faciles à marquer d'une manière correcte. Le centimètre est une longueur trop
petite pour qu'il puisse être construit utilement.

Le myriamètre et le kilomètre servent à exprimer
les distances entre deux villes ou deux contrées. Déjà
dans un très-grand nombre de départemens de la
France les routes royales sont échelonnées de bornes appelées bornes kilométriques, parce qu'elles
sont distantes l'une de l'autre d'un kilomètre. La
distance entre deux bornes kilométriques est divisée
par de petites bornes en dix parties égales. Ces petites bornes sont distantes l'une de l'autre d'un hectomètre ; un homme marchant d'un pas ordinaire

parcourt facilement un kilomètre en 12 minutes; de sorte que, sachant le nombre de kilomètres que l'on a à parcourir pour aller d'un lieu dans un autre, on peut calculer le temps nécessaire pour faire la route.

57. Le meilleur moyen de donner aux enfans une idée exacte des objets qu'on veut leur faire connaître est sans contredit de les leur mettre sous les yeux. Il serait donc à désirer que chaque école communale pût se procurer une collection complète des poids et mesures du nouveau système métrique; mais malheureusement il est bien des communes, et c'est le plus grand nombre, auxquelles l'exiguité de leurs ressources pécuniaires permet à peine d'entretenir une salle d'école, et pour qui une telle dépense serait tout-à-fait impossible. Cependant il est indispensable que chaque instituteur ait à sa disposition l'une quelconque de chacune de ces mesures nouvelles. Ainsi toute école devra posséder un mètre, un litre pour les matières sèches, un litre pour les liquides, un kilogramme divisé pour les poids. Au moyen de ces diverses mesures principales, qui n'exigent pas une forte dépense, le chef d'école pourra facilement faire comprendre à ses élèves la nécessité d'avoir recours aux multiples et aux sous-multiples. En mettant sous leurs yeux un mètre,

il leur fera comprendre la nécessité de compter par hectomètre et par kilomètre, afin de n'avoir pas à employer dans les calculs de distances des nombres trop considérables. Il est plus simple de dire et d'exprimer, par exemple, que deux villes sont à 25 ou 30 kilomètres de distance que de dire qu'elles se trouvent situées à 25 ou 30 mille mètres l'une de l'autre. Afin de familiariser l'élève avec le mètre et ses subdivisions, il sera convenable que le maître l'accoutume à trouver sur cettemesure même une valeur énoncée en décimètres et centimètres. Enfin il devra lui faire comprendre que le millimètre est, par rapport au centimètre, ce qu'est celui-ci par rapport au décimètre.

Unité de surface.

58. L'unité de surface est le mètre carré, ou un carré dont le côté a un mètre de longueur : il ne faut pas conclure de là que, pour mesurer la surface d'un plafond ou d'un objet quelconque, on porte, ainsi qu'on le fait pour les distances, sur ce plafond ou cet objet, une mesure d'un mètre carré, et qu'on détermine ainsi le nombre de fois que l'unité de surface y est contenue ; mais pour cela, on cherche

successivement au moyen d'un mètre, les dimensions (longueur et largeur) de l'objet dont on veut connaître la surface; et le produit des deux nombres exprimant en mètres chacune de ces dimensions représente cette surface en mètres carrés. C'est ainsi que l'on doit comprendre que le mètre carré sert à mesurer les surfaces : considéré comme tel, il ne s'emploie que pour exprimer des surfaces d'une très-petite étendue, telles que, par exemple, celles d'un meuble, d'une porte, d'une chambre, des murs d'enceinte d'un bâtiment.

59. Ainsi que nous l'avons déjà dit (11) le décimètre carré, le centimètre carré, ne doivent point être confondus avec le dixième ou le centième du mètre carré. De là une différence dans la manière d'énoncer deux expressions représentant, l'une des mètres carrés, et l'autre des mètres simples, soit à énoncer l'expression 8,459, qui représente des mètres carrés : on commettrait une erreur très-grave si on lisait ce nombre de la même manière que s'il représentait des mètres simples, c'est-à-dire 8 mètres carrés, 459 millimètres carrés, ou 8459 millimètres carrés, mais on devra dire 8 mètres carrés, 459 millièmes de mètres carrés, ou 8 mètres carrés, 45 décimètres carrés, 90 centimètres carrés.

60. Il est nécessaire que les élèves soient bien exercés à l'énonciation des diverses expressions de mètres carrés ou parties décimales de mètres carrés.

Mesures agraires.

61. On comprend sous la dénomination générale de mesures agraires les mesures servant à indiquer la superficie des terrains.

62. L'unité principale des mesures agraires est l'are; c'est un décamètre carré, c'est-à-dire un carré dont le côté a dix mètres de longueur. Il contient par conséquent 100 mètres carrés.

L'are est comme le mètre carré une mesure fictive, ou, en d'autres termes, il n'existe pas en construction. On l'emploie principalement pour exprimer la superficie des terrains de peu d'étendue.

63. Lorsqu'il s'agit de la superficie d'une forêt ou d'une plaine assez vaste, on l'exprime en hectares. L'hectare vaut 100 ares, et par conséquent 10,000 mètres carrés.

64. Le seul sous-multiple de l'are dont il soit fait mention dans le tableau des poids et mesures annexé à la loi du 4 juillet 1837 est le centiare. Il vaut la centième partie de l'are ou 1 mètre carré. Enfin, pour exprimer la surface d'une contrée ou d'un pays, on emploie le myriamètre carré, dont le

côté est égal à 10,000 mètres, et qui contient cent millions de mètres carrés. Toutes les mesures de superficies sont comprises dans le tableau suivant :

NOMS DES MESURES.		VALEURS en MÈTRES CARRÉS.
Myriamètre carré...........		100000000
Mesures agraires.	Hectare..........	10000
	Are.............	100
	Centiare........	1
Mesures de surfaces ordinaires.	Mètre carré......	1
	Décimètre carré...	0,01
	Centimètre carré..	0,0001
	Millimètre carré..	0,000001

65. Nous terminerons ce que nous avons à dire sur les surfaces par une remarque très-importante : il peut arriver mainte fois qu'en mesurant les dimensions d'un objet dont on veut évaluer la surface on trouve l'une de ses dimensions exactement en mètres ou décimètres, et l'autre avec des centimètres ou des millimètres : dans ce cas, il faut avoir soin avant d'effectuer le produit, de réduire les deux facteurs en

unités de la même, c'est-à-dire de la plus petite espèce. On effectue ensuite l'opération, et le produit représente des centimètres ou des millimètres carrés suivant que l'on a opéré sur des unités de l'une ou de l'autre espèce. Pour l'évaluer en mètres carrés, il suffit de le diviser par 10,000 s'il représente des centimètres carrés, ou par 1,000000 si ce sont des millimètres carrés ; ce qui revient à séparer par une virgule 4 ou 6 chiffres sur la droite de ce produit. Dans le cas où il ne contiendrait pas un nombre de chiffres suffisant, on y suppléerait par des zéros, en plaçant aussi un zéro à la gauche de la virgule, pour tenir lieu des mètres carrés manquans.

Mesures de volume.

66. L'unité principale de volume est le mètre cube. Ses sous-multiples sont :

Le décimètre cube, qui en est la millième partie.

Le centimètre cube, qui en est la millionième partie.

Le millimètre cube, qui en est la billionième partie.

Tous les solides d'une dimension quelconque s'expriment en mètres cubes et en ses sous-multiples.

Mesure de bois de chauffage.

67. Le mètre cube servant à exprimer le cubage

des bois de chauffage a pris la dénomination de stère.
Le stère a pour multiple le décastère, qui vaut dix
stères ou dix mètres cubes, pour sous-multiple le
décistère, qui est la dixième partie du stère, et vaut
100 décimètres cubes. Les instrumens de mesurage
pour le bois de chauffage dont l'usage est autorisé
dans les chantiers et dont la construction est réglementée au tableau n° 7, annexé à l'ordonnance
du 16 juin 1839, sont le demi-décastère, le double
stère et le stère.

68. La figure ci-dessous donne l'idée exacte de la
manière dont ces instrumens sont montés.

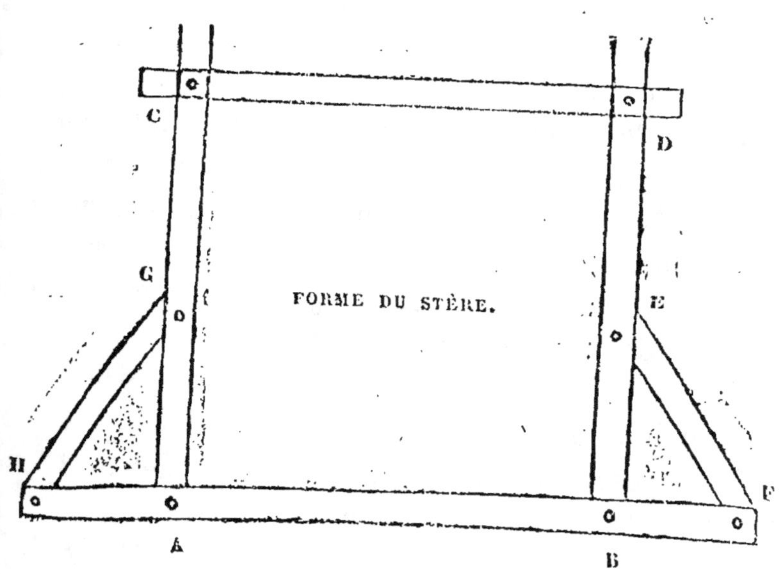

La ligne AB est la sole de l'instrument. Les lignes AC BD en forment le montant; les deux contrefiches sont EF et GH; enfin la ligne CD est la ligne de niveau. Outre les membrures désignées ci-dessus, deux sous-traits d'un volume égal à celui de la sole doivent être annexés à l'instrument; ils sont destinés à être placès lors du mesurage, l'un devant, l'autre derrière, chacun à peu près à 4 décimètres de distance de la sole, pour soutenir le bois dans une position parallèle au sol.

La longueur de la sole entre les deux montans est invariable et fixée ainsi qu'il suit :

Pour le demi-décastère. . . . . 3 mètres.
Pour le double stère. . . . . 2 mètres.
Pour le stère. . . . . 1 mètre.

La hauteur des montans est seule variable suivant la longueur du bois : elle doit être déterminée de manière à ce que le produit des trois dimensions du volume soit toujours 1 , 2 ou 5 mètres cubes.

La longueur du bois étant égale à un mètre , la hauteur des montans doit être :

Pour le décastère. . . . . 1^m 667
Pour le double stère et le stère. . . . 1.

La longueur du bois étant égale à 1 mètre 137 , la hauteur des montans doit être :

Pour le demi-décastère. . . . . 1^m 468

Pour le double stère et le stère. . . .   0,880

69. La longueur du bois étant égale à 1 mètre 299, la hauteur des montans doit être :

Pour le demi-décastère. . . . . . . 1^m 284

Pour le double stère et le stère. . .   0,761

MESURES DE CAPACITÉ.

Matières sèches.

L'unité de mesure pour les matières sèches est le LITRE ; son volume est celui d'un décimètre cube : c'est la millième partie du mètre cube. Le tableau des mesures légales annexé à la loi du 4 juillet 1837 ne donne pour cette mesure que 3 multiples et 1 sous-multiple; de sorte que les mesures de capacité pour les matières sèches se réduisent à cinq; savoir :

Le KILOLITRE, dont la capacité est celle d'un mètre cube, et qui vaut 1000 litres.

L'HECTOLITRE qui vaut un dixième de mètre cube ou 100 litres.

Le DÉCILITRE, qui vaut un centième de mètre cube ou 10 litres.

Le LITRE, qui vaut un millième de mètre cube ou 1 décimètre cube.

Le DÉCILITRE, qui est la dix-millième partie du mètre cube ou la dixième partie du litre.

70. La confection de celles de ces mesures et de leurs doubles ou moitiés dont l'emploi est autorisé dans le commerce a été réglée dans le tableau 2 annexé à l'ordonnance du 16 juin 1839.

Toutes ces mesures, pour lesquelles on a adopté la forme cylindrique comme étant la plus commode, ont la hauteur égale au diamètre ; elles sont au nombre de 11, savoir :

NOMS DES MESURES.	VALEURS en LITRES.	HAUTEURS ET DIAMÈTRES en millimètres.
HECTOLITRE	100 lit.	503
DEMI-HECTOLITRE	50	399
DOUBLE DÉCALITRE	20	294
DÉCALITRE	10	234
DEMI-DÉCALITRE	15	185
DOUBLE LITRE	2,	137
LITRE	1	108
DEMI-LITRE	0,5	86
DOUBLE DÉCILITRE	0,2	63
DÉCILITRE	0,1	50
DEMI-DÉCILITRE	0,05	36

71. La figure ci-dessous donne la forme exacte de ces mesures. Voir, pour les conditions de construction, le tableau précité page 28.

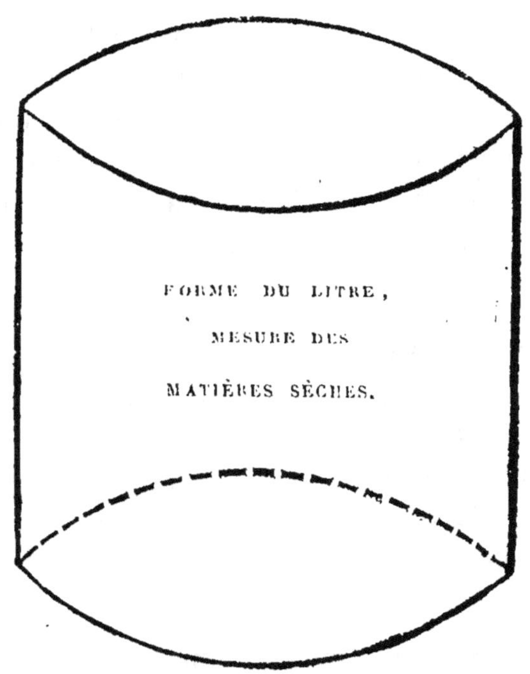

72. Pour familiariser les élèves avec chacune de ces mesures, il serait convenable que le maître pût consacrer une partie de ses leçons à faire tracer par eux, sur le tableau noir, les figures qui les représen-

ient, en leur faisant chercher sur un mètre tracé également sur le tableau les dimensions ci-dessus indiquées. Ces tracés sur le tableau auraient en outre
l'avantage de leur faire répéter le mètre et ses subdivisions et de leur en donner une idée de plus en
plus exacte. Ils apprendraient en même temps à
tracer avec plus d'assurance et à régulariser sur le
le papier les formes des objets qu'ils ont le plus fréquemment sous les yeux. Cette observation s'appli-
que à tout ce qui précède comme à ce qui suit.

MESURES DE CAPACITÉ.

Liquides.

73. L'unité servant de mesure de capacité pour les
liquides est, comme pour les matières sèches, le *litre*
ou décimètre cube.

Ses multiples et sous-multiples étant absolument
les mêmes que pour les matières sèches, il est inutile de répéter ici ce que nous en avons déjà dit pré
cédemment.

74. Les mesures employées pour les liquides ne dif-
fèrent de celles dont nous venons de parler que par
la construction. A partir du demi-décalitre inclusivement jusqu'à l'hectolitre, elles ont le diamètre
égal à la hauteur ; mais depuis le double litre jusqu'au centilitre, elles changent de forme ; le volume

restant toujours le même, la hauteur devient double du diamètre intérieur.

Les mesures ainsi construites, au nombre de huit, sont contenues dans le tableau suivant, qui donne l'indication de leurs hauteurs et diamètres exprimés en millimètres.

NOMS DES MESURES.	HAUTEURS en MILLIMÈTRES.	DIAMÈTRES en MILLIMÈTRES.
DOUBLE LITRE	217	108
LITRE	172	86
DEMI-LITRE	137	68
DOUBLE DÉCILITRE	101	50
DÉCILITRE	80	40
DEMI-DÉCILITRE	63	32
DOUBLE CENTILITRE	47	23
CENTILITRE	37	19

De plus, ces huit mesures sont d'un poids déterminé, et le métal avec lequel elles sont confectionnées ne peut contenir plus de 18 centièmes d'alliage ; le tableau des poids déterminés pour chacune d'elles se trouve page 31. La figure ci-dessous en indique la forme.

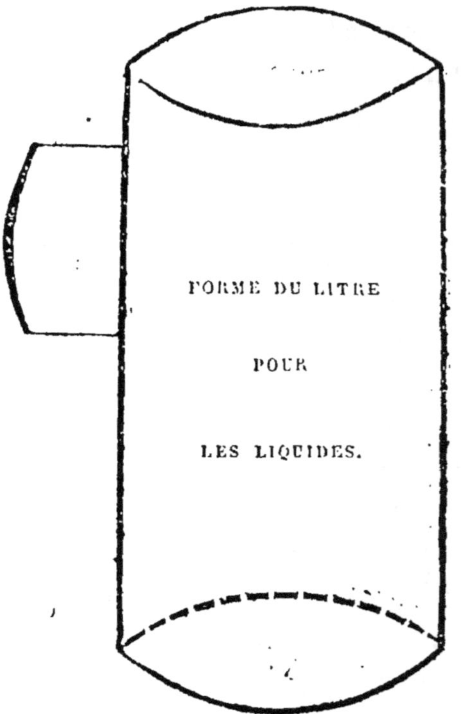

75. Enfin les mesures destinées au mesurage du lait seulement peuvent être construites en fer-blanc, et alors leur construction devient la même que celle des matières sèches, c'est-à-dire qu'elles doivent avoir la hauteur égale au diamètre.

MESURES DE VOLUME.

Poids.

76. Peser un corps, c'est chercher à déterminer la somme des molécules qui le composent : les poids destinés à cette opération rentrent donc nécessairement dans la catégorie des mesures de volume.

77. L'unité de poids est le GRAMME ; il est le poids d'un centimètre cube d'eau distillée, ramenée à son maximum de densité (1) c'est-à-dire à la température de 4 degrés du thèrmomètre centigrade (2).

---

(1) La densité d'un corps est la quantité plus ou moins grande de matière propre qu'il renferme sous un volume déterminé. Pour avoir une idée exacte de la densité d'un corps, de l'eau distillée, par exemple, il faut concevoir qu'un volume de cette eau égal à un centimètre cube peut contenir une plus ou moins grande quantité de matière propre, suivant le degré de température auquel elle se trouve. L'expérience a démontré que le maximum de densité de l'eau distillée, c'est-à-dire l'état où elle contient le plus de matière propre sous le même volume, est à la température de quatre degrés centigrades au-dessus de zéro.

(2) Le thermomètre est l'instrument qui sert à mesurer les variations de la température des corps avec lesquels on le met en contact. Le thermomètre centigrade est divisé, à partir du zéro jusqu'au point marquant l'ébullition de l'eau, en cent parties égales appelées degrés.

78. Si on considère le LITRE, unité de mesure pour les capacités, et le GRAMME, unité de mesure pour les poids, avec le mètre, on peut voir facilement que les poids ne sont qu'un moyen d'obtenir d'une manière plus exacte une quantité déterminée d'une certaine substance, et que ces deux espèces de mesures rentrent naturellement l'une dans l'autre, sans cependant que l'usage des unes rende inutile celui des autres. Il existe en effet une grande quantité de substances livrées au poids dans le commerce, et qu'on pourrait également vendre au litre : tels sont par exemple le café, le poivre, le sel, le tabac et beaucoup d'autres susbtances, parmi lesquelles quelques-unes jouissent de la propriété d'absorber l'humidité, et sont par cela même d'un poids variable. D'un autre côté, il est une grande quantité d'objets que l'on ne pourrait vendre au litre, à cause de l'irrégularité de leurs formes. Ainsi le pain, le sucre se pèsent très-facilement et ne pourraient se mesurer au litre.

79. Les multiples du GRAMME sont au nombre de 3 ainsi que les sous-multiples ; de sorte que toute la nomenclature des poids se réduit à sept mots différens, savoir :

1° Le KILOGRAMME, qui vaut mille GRAMMES ; son

poids est celui d'un décimètre cube d'eau (un litre), ou la millième partie de celui d'un mètre cube.

2° L'HECTOGRAMME, qui vaut cent GRAMMES ; son poids est celui d'un dixième de décimètre cube d'eau (un décilitre), ou la dix-millième partie de celui d'un mètre cube.

3° Le DÉCAGRAMME, qui vaut dix GRAMMES ; son poids est celui d'un centième de décimètre cube d'eau (1 centilitre), ou la cent-millième partie de celui d'un mètre cube.

4° Le GRAMME, dont le poids est celui d'un centimètre cube d'eau , ou la millionième partie de celui d'un mètre cube.

5° Le DÉCIGRAMME, dont le poids est la dixième partie de celui du GRAMME et la dix-millionième partie de celui du mètre cube.

6° Le CENTIGRAMME, dont le poids est la centième partie de celui du GRAMME, ou la cent-millionième partie de celui du mètre cube.

7° Le MILLIGRAMME, dont le poids est la millième partie de celui du GRAMME, ou la billionième partie de celui du mètre cube.

80. Les poids dont l'usage est autorisé dans le commerce, et dont la construction est réglementée par

l'ordonnance du 16 juin 1839, sont de deux espèces;
ils sont construits en fer ou en cuivre.

Des poids en fer.

81. Le nombre des poids en fer dont on peut faire
usage est limité à dix ; ceux de 50 et de 20 kilogrammes ont la forme d'une pyramide tronquée,
ayant pour base un parallélogramme ; tous les
autres doivent avoir également la forme d'une pyramide tronquée; mais la base doit être un hexagone
régulier.

La hauteur des poids et la surface de la base inférieure sont restées indéterminées.

La figure ci-dessous donne une idée de la forme
des poids à base hexagonale.

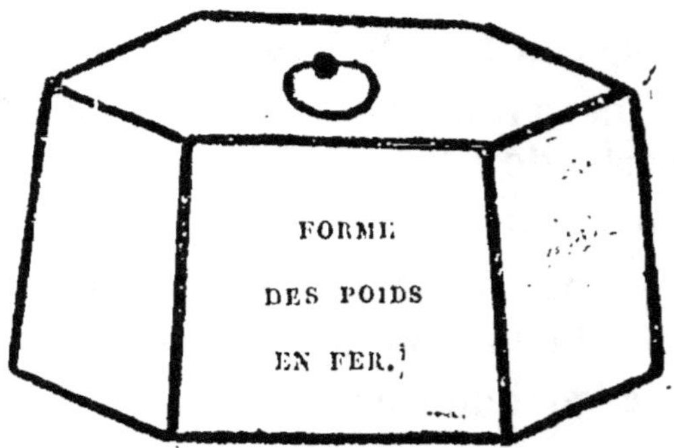

Les noms des poids en fer et les abréviations qui
doivent être indiquées sur la partie supérieure de

chacun d'eux se trouvent consignés avec les autres conditions de construction au tableau 4 annexé à l'ordonnance du 16 juin (page 32).

Poids en cuivre.

82. Les poids en cuivre sont simples ou divisés ; le poids simple n'en représente qu'un seul ; le poids divisé, au contraire, est composé de divers poids ayant la forme de cônes tronqués , susceptibles d'être placés les uns dans les autres, et formant ensemble, avec la boîte qui les renferme, et qui elle-même représente un poids déterminé, le poids d'un kilogramme ou d'un double kilogramme.

83. Les poids simples ont la forme d'un cylindre dont le diamètre est égal à la hauteur ; ils sont surmontés d'un bouton de cuivre dont la hauteur est aussi déterminée; elle est égale à la moitié du diamètre de la base. Les conditions ci-dessus indiquées doivent avoir lieu pour tous les poids en cuivre simples, à partir du poids de 20 kilogrammes jusqu'à celui du gramme exclusivement ; pour le gramme et le double gramme le diamètre du cylindre est plus fort que la hauteur.

84. La figure ci-dessous donne une idée exacte des poids simples en cuivre.

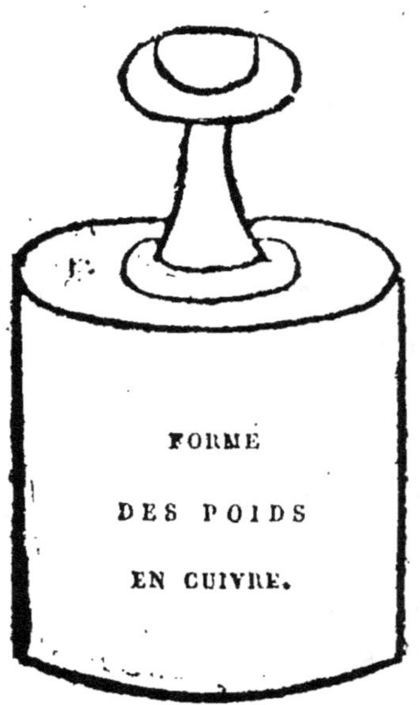

Les autres dispositions pour la construction de ces poids, leurs noms et les dénominations qui doivent être appliquées sur la surface supérieure de chacun d'eux, se trouvent consignées dans le tableau 5 annexé à l'ordonnance du 16 juin 1839. (page 24).

Instrumens de pesage.

85. Outre les poids nécessaires pour mesurer la

masse d'un corps, il faut aussi, pour cette opération, des instrumens dont les poids ne sont que des accessoires. Ces instrumens, connus sous la dénomination générale de balances, sont de trois sortes : LES BALANCES A BRAS ÉGAUX, LA ROMAINE, et LES BALANCES BASCULES. C'est ici le lieu de parler succinctement de chacun de ces instrumens.

De la balance à bras égaux.

86. La balance à bras égaux est celle dont on se sert dans tous les magasins pour la vente en détail. Elle se compose d'un fléau traversé par un axe qui le divise en deux parties égales appelées bras de la balance, de deux bassins ou plateaux fixés à l'extrémité de chaque bras par des chaînettes ou cordes parfaitement égales ; ces bassins sont destinés, l'un à recevoir l'objet que l'on veut peser, et l'autre à recevoir les poids ; une chape sur laquelle repose l'axe supporte tout l'instrument. Au-dessus de l'axe, entre les montans de la chape et perpendiculairement au fléau, se trouve fixée une aiguille indiquant par son inclinaison à droite ou à gauche les mouvemens de l'instrument ; lorsque les plateaux sont vides, elle doit se trouver placée entre les montans et dans la direction de la chape. Il est inutile, pour conclure l'égalité des poids placés dans une balance,

d'attendre que l'aiguille ait repris cette dernière position ; il suffit seulement que les oscillations d'un côté et de l'autre de la chape soient égales. La balance est ordinairement soutenue par un pied auquel elle est suspendue par un anneau mobile fixé à l'extrémité supérieure de la chape.

Une balance pour être juste doit avoir une grande mobilité : c'est afin de diminuer le frottement que les parties de l'axe qui reposent sur la chape sont taillées en forme de couteau. Il est aussi indispensable que les bras soient forts, inflexibles et parfaitement égaux en longueur et en poids ; que les points de suspension des plateaux soient également distans de l'axe ; enfin que les plateaux et les chaînettes qui les portent aient identiquement le même poids.

Vu la difficulté d'obtenir des instrumens parfaitement justes, la sensibilité des balances à bras égaux employées dans le commerce est fixée à un deux-millième du poids d'une portée.

De la romaine.

87. La romaine est une espèce de balance dont les bras sont inégaux ; l'instrument est, comme dans la balance ordinaire, soutenu par une chape, dans laquelle pénètre l'axe qui divise le fléau en deux par-

ties inégales : les parties de cet axe appuyant sur la chape sont également taillées en forme de couteaux pour diminuer le frottement ; à l'extrémité du plus petit bras est suspendu un plateau destiné à recevoir les objets à peser ; dans l'autre bras, beaucoup plus long, est engagé un anneau mobile, auquel est suspendu un poids : on peut faire parcourir à ce poids toute la longueur du bras en faisant glisser l'anneau suivant cette longueur ; ce bras est divisé en un certain nombre de parties égales, dont chacune marque la place occupée par le poids constant, pour faire équilibre à un poids déterminé ; de sorte que, pour avoir le poids d'un corps placé sur le plateau de l'instrument, il suffit de faire mouvoir le poids constant jusqu'à ce que la machine soit en équilibre : le point de division auquel il se trouve alors arrêté indique le poids du corps.

La romaine a sur la balance ordinaire un grand avantage ; c'est qu'à l'aide d'un seul poids de peu de volume on peut peser des fardeaux assez considérables, tandis que dans la balance ordinaire, les deux plateaux devant être également chargés, le point de suspension a à supporter une charge double, par conséquent l'instrument fatigue davantage et se trouve par là plus exposé à se fausser.

6.

Toutefois, pour le pesage des petits volumes, il est plus convenable de se servir de la balance à bras égaux, attendu le peu de mobilité de la romaine causé par la grande inégalité de ses bras.

La sensibilité des romaines en usage dans le commerce est fixée à 1/500 du poids d'une portée.

Des balances bascules.

88. La balance bascule est une romaine dans laquelle le bras destiné à recevoir les objets à peser est une plate-forme. Cet instrument est d'une grande utilité et d'un grand usage dans les bureaux de douanes, de diligences, dans les maisons de roulage, etc. C'est sur une balance de ce genre que s'arrêtent pour être pesées à l'entrée de quelques villes les voitures publiques, celles de roulage et autres.

La sensibilité pour ces sortes d'instrumens est fixée à un millième du poids d'une portée ; les dispositions relatives à la construction des instrumens de pesage sont consignées dans l'état n° 6, annexé à l'ordonnance du 16 juin 1839 (page 36).

Monnaies.

89. L'unité monétaire est le franc. C'est une pièce d'argent ayant 23 millimètres de diamètre et pesant cinq grammes. Les sous-multiples du franc sont le

décime et le centime. Il n'a pas de multiples; il vaut 10 décimes ou 100 centimes; le décime vaut 10 centimes.

90. Les pièces de monnaie de France, sont :

NOMS DES PIÈCES.	DIAMÈTRES en MILLIMÈTRES.	POIDS en GRAMMES.
Or. La pièce de 40 francs....	26	17,902
La pièce de 20 francs...	21	6,452
Argent. La pièce de 5 francs....	37	25
La pièce de 2 francs....	27	10
La pièce de 1 franc.....	23	5
La pièce de 1/2 franc....	18	2,50
La pièce de 1/4 franc....	15	1,25

La pièce de billon de 1 décime (0,1).
La pièce de billon de 5 centimes (0,05).
La pièce de billon de 1 centime (0,01).

Il existe encore dans le commerce des pièces en argent de 0, 75 c., et des petites pièces de 1 décime et l'ancienne monnaie de billon, dont le cours n'a pas été interrompu.

91. Sur l'une des faces de chaque pièce est em-

preinte l'effigie du souverain régnant, entourée de son nom. Sur la face opposée, se trouvent l'indication de la valeur de la pièce, le millésime de l'année où elle a été frappée et le nom du fabricant.

Les monnaies d'or et d'argent sont frappées au titre de 9/10 de fin , c'est-à-dire qu'une pièce d'or ou d'argent d'un poids déterminé ne contient réellement en or ou argent fin que les 9/10 de son poids ; le cuivre est le métal qui entre pour 1/10 dans la fabrication des monnaies. Mélangé avec l'or et l'argent, il donne à ces métaux la consistance nécessaire pour que les pièces qui en sont formées puissent être mises en circulation.

Mesure circulaire.

92. La circonférence dont les divisions sont en usage dans les calculs astronomiques et géodésiques, ainsi que pour la mesure des angles, a été divisée en 100 parties égales appelées grades. Le grade se subdivise en 100 minutes, la minute en 100 secondes, la seconde en 100 tierces.

Mesure du temps.

93. On a conservé pour mesures du temps les mêmes dénominations qui avaient été jusqu'ici en usage ,

et le calendrier tel qu'il a été réformé par le pape Grégoire XIII, qui lui donna son nom (calendrier grégorien) (1) est conservé sans aucun changement.

94. On essaya cependant de ramener les divisions du temps au système décimal. Ainsi, en 1793, il avait été décrété que les 12 mois de l'année seraient chacun de 30 jours; ce qui la réduisait à 360 jours, auxquels on ajoutait 5 jours complémentaires dans les années communes, et 6 dans les années bissextiles. A partir

---

(1) La réforme apportée par le pape Grégoire XIII au calendrier consiste simplement dans la suppression de trois jours dans une série de quatre siècles.

Le calendrier romain, tel qu'il avait été formé par JULES CÉSAR, supposait l'année de 365 jours 6 heures. Ce prince avait ordonné que sur quatre années il y en aurait trois de 365 et une de 366 jours, les six heures donnant, dans l'espace de quatre années vingt-quatre heures ou un jour; c'est cette année de 366 jours qui fut appelée bissextile; mais l'année n'ayant réellement que 365 jours 5 heures 48 minutes 48 secondes, il devait nécessairement exister une erreur dans le calendrier après un certain laps de temps. Pour remédier à cette erreur, qui se trouvait être de trois jours dans l'espace de quatre siècles, le pape GRÉGOIRE ordonna que sur quatre années séculaires, qui toutes doivent être bissextiles, la quatrième seule serait bissextile. Cette réforme dans le calendrier date de l'année 1700.

du 22 septembre de cette année, les noms des anciens mois furent remplacés par de nouvéaux; les mois de *vendémiaire, brumaire, frimaire* étaient les trois mois d'automne ; ceux de *nivose, pluviose* et *ventose* étaient les trois mois d'hiver ; les trois mois du printemps étaient *germinal, floréal, prairial*; enfin *thermidor, messidor, fructidor,* étaient les mois d'été ; chaque mois se composait de 3 décades ; chacune d'elles comprenait dix jours, dont les noms indiquaient le rang occupé par chacun d'eux dans la décade ; ainsi le premier jour était *primidi*, le second *duodi*, le troisième *tridi*, le sixième *sextidi*, le dixième *décidi*. Enfin on a tenté de réduire le jour en 10 heures, l'heure en 100 minutes, la minute en 100 secondes ; les horloges mêmes avaient subi les changemens nécessités par cette organisation nouvelle. Cette année, appelée an de la république, fut employée jusqu'en 1806. Le tableau ci-contre donne les moyens, étant donnée une date du calendrier républicain, de trouver la date correspondante dans le calendrier grégorien. On a souvent besoin d'effectuer des opérations de ce genre, surtout dans le relevé des actes sur les registres de l'état civil.

Tableau pour déterminer la date du Calendrier grégorien correspondante à une date donnée du Calendrier républicain.

MOIS RÉPUBLICAINS.	JOURS DES MOIS GRÉGORIENS CORRESPONDANS AUX PREMIERS DE CHAQUE MOIS RÉPUBLICAIN.												
	an II 1793	an III 1794	an IV 1795	an V 1796	an VI 1797	an VII 1798	an VIII 1799	an IX 1800	an X 1801	an XI 1802	an XII 1803	an XIII 1804	an XIV 1805
Vendémiaire.	Septembre 22	22	23	22	22	22	23	23	23	23	24	23	23
Brumaire.	Octobre 22	22	23	22	22	22	23	23	23	23	24	23	23
Frimaire.	Novembre 21	21	22	21	21	21	22	22	22	22	23	22	22
Nivose.	Décembre 21	21	22	21	21	21	22	22	22	22	23	22	22
	1774	1795	1796	1797	1798	1799	1800	1801	1802	1803	1804	1805	
Pluviose.	Janvier 20	20	21	20	20	20	21	21	21	21	22	21	
Ventose.	Février 19	19	20	19	19	19	20	20	20	20	21	20	
Germinal.	Mars 21	21	21	21	21	21	29	22	22	22	22	22	
Floréal.	Avril 20	20	20	20	20	20	21	21	21	21	21	21	
Prairial.	Mai 20	20	20	20	20	20	21	21	21	21	21	21	
Messidor.	Juin 19	19	19	19	19	19	20	20	20	20	20	20	
Thermidor.	Juillet 19	19	19	19	19	19	20	20	20	20	20	20	
Fructidor.	Août 18	18	18	18	18	18	19	19	19	19	19	19	
Complémentaire.	Septembre 17	17	17	17	17	17	18	18	18	18	18	18	

De la vérification des poids et mesures.

95. Tous les poids et mesures en usage dans le commerce doivent, conformément aux dispositions de l'article 10 de l'ordonnance royale du 17 avril 1839, avoir été préalablement présentés au bureau du vérificateur, avoir été vérifiés et porter le poinçon de vérification. Tout poids qui ne porterait pas ce poinçon et sur lequel ne serait pas inscrit le nom qui lui est affecté par le système métrique serait réputé illégal.

96. Chaque bureau de vérification doit être pourvu de l'assortiment nécessaire d'étalons vérifiés et poinçonnés au dépôt des prototypes près du ministère des travaux publics, de l'agriculture et du commerce. Ces étalons sont vérifiés de nouveau au même dépôt au moins une fois dans dix ans.

97. Indépendamment de la vérification primitive dont on vient de parler, les poids et mesures dont les commerçans font usage, ou qu'ils ont en leur possession, sont soumis à une vérification périodique qui se renouvelle d'année en année. Cette vérification sert à établir que la conformité avec les étalons n'a pas été altérée. Elle est constatée par l'application d'un nouveau poinçon chaque fois différent.

98. Chaque profession est tenue d'avoir un assortiment de poids et mesures dont le nombre est indi-

qué dans un tableau dressé par les préfets dans chaque département.

La vérification première des poids et mesures est gratuite ; la vérification périodique est soumise à un droit fixé, pour chaque objet, dans le tarif annexé à l'ordonnance du 18 octobre 1825, qui est maintenu jusqu'à ce qu'il en soit décidé autrement.

Modes de vérification.

99. La vérification des mesures de longueur se fait par la superposition des mesures à vérifier et de celles qui tiennent lieu d'étalon. La difficulté de les fabriquer toutes d'une longueur absolument égale à celle de l'étalon qui sert à les vérifier, a fait admettre une tolérance en excès seulement dans la vérification de ces mesures. Cette tolérance est fixée ainsi qu'il suit :

NOMS DES MESURES.	TOLÉRANCE EN MILLIMÈTRES.
Double mètre en bois	1,5
Mètre id	1,0
Demi-mètre id	0,6
Double décimètre id	0,4
Décamètre en fer	2

100. La vérification du stère et de ses multiples se fait comme celle des mesures de longueur. La longueur de la sole, ainsi que nous l'avons déjà dit, est invariable pour chaque mesure. Il n'y a de variable que la hauteur des montans, qui doit être calculée de manière à ce que le produit de leur longueur par celles de la bûche et de la sole, donne 1 pour le stère, 2 pour le double stère, et 5 pour le demi-décastère ; la tolérance accordée pour les erreurs totales en plus seulement, est fixée ainsi qu'il suit.

NOMS DES MESURES.	TOLÉRANCE EN MILLIMÈTRES.
Demi-décastère.....................	15
Double stère......................	8
Stère	5

Ainsi, si dans le stère il arrivait que la sole fût trop longue de 2 ou 3 millimètres, on n'admettrait pour les montans qu'un excès de 3 ou 2 mètres.

101. La vérification des mesures de capacité pour les matières sèches, se fait en mesurant le diamètre intérieur et la hauteur de ces mesures avec le mètre. Ces deux dimensions doivent être égales entre elles

dans chaque mesure. On tolère pour chacune d'elles un excès d'un centième de la capacité. La tolérance est donc fixée ainsi qu'il suit :

NOMS DES MESURES.	TOLÉRANCE.
Hectolitre	1 litre.
Demi-hectolitre.	5 décilitres.
Double décalitre	2 id.
Décalitre.	1 id.
Demi-décalitre.	5 centilitres.
Double litre.	2 id.
Litre	1 id.
Demi-litre.	5 millilitres.
Double décilitre.	2 id.
Décilitre.	1 id.
Demi-décilitre	5 dix millièmes de lit.

102. Les mesures pour les liquides jusques et non compris le double litre étant les mêmes que celles pour les matières sèches, elles se vérifient de la même manière. Quant à celles qui se construisent en étain, elles donnent lieu à trois vérifications. D'abord elles doivent avoir un poids déterminé,

ensuite le métal dont elles sont composées ne peut contenir moins de 82 parties d'étain, ni plus de 18 de plomb. Enfin la hauteur doit être double du diamètre. Du reste, la tolérance pour la capacité de ces mesures est la même que pour les autres mesures de capacité, c'est-à-dire d'un centième.

103. Pour vérifier un poids quelconque, on emploie une balance à bras égaux. Dans un des plateaux, on place le poids servant d'étalon, et dans l'autre on place le poids à vérifier : si ce poids est exactement égal à celui auquel il est comparé, la balance reste en équilibre. Il est un moyen plus sûr de vérification qui est indépendant de la justesse de la balance. Ce moyen consiste à faire équilibre avec des grains de plomb ou de fonte au poids étalon, à remplacer ensuite celui-ci dans le plateau où il se trouvait par celui qu'on veut vérifier, et si ce dernier poids est juste, la balance reprend nécessairement son état d'équilibre. On accorde également pour les poids une tolérance en excès qui varie pour chacun d'eux et suivant la matière dont ils sont fabriqués.

La tolérance pour les poids en fer est fixée ainsi qu'il suit :

NOMS DES POIDS.	TOLÉRANCE en GRAMMES.
50 kilogrammes	20
20 kilogrammes	10
10 kilogrammes	6
5 kilogrammes	4
2 kilogrammes	2
1 kilogramme	1
500 grammes	0,5
200 grammes	0,3
100 grammes	0,2
50 grammes	0,1

La tolérance pour les poids en cuivre est fixée ainsi qu'il suit :

NOMS DES POIDS.	TOLÉRANCE en GRAMMES.
20 kilogrammes	1,5
10 kilogrammes	0,8
5 kilogrammes	0,5
2 kilogrammes	0,25
1 kilogramme	0,15
500 grammes	0,10
200 grammes	0,5
100 grammes	0,3
50 grammes	0,25
20 grammes	0,020
10 grammes	0,015
5 grammes	0,010
2 grammes	0,004
1 gramme	0,002

104. Les poids, depuis et y compris le demi-gramme jusqu'au milligramme, qui sont faits avec des lames

de laiton minces, coupées carrément, ne sont point soumis à la vérification.

105. Les monnaies offrent deux moyens de vérification : d'abord elles doivent contenir 9/10ᵉˢ de fin, et ensuite chaque pièce doit avoir un poids déterminé : l'erreur dans le titre des monnaies est admise en plus ou en moins, la tolérance est de 2 millièmes pour les pièces d'or, et de 3 millièmes pour celles d'argent.

Pour le poids, elle est fixée ainsi qu'il suit :

NOMS DES PIÈCES.	TOLÉRANCE en MILLIÈMES des poids.	TOLÉRANCE en GRAMMES.
Pièce de 40 francs or......	2	0,0368
Pièce de 20 francs or.....	2	0,0129
Pièce de 5 francs argent....	3	0,075
Pièce de 2 francs argent....	5	0,05
Pièce de 1 franc argent....	5	0,025
Pièce de 1/2 franc (0,50 c.)..	7	0,0175
Pièce de 1/4 de franc (0,25 c.)	10	0,0125

106. L'ancien et le nouveau système des poids et

mesures ayant été exposés chacun séparément, et indépendamment l'un de l'autre, il ne nous reste plus maintenant qu'à faciliter, en déterminant les rapports réciproques qui existent entre ces diverses mesures, l'évaluation des anciennes en nouvelles et réciproquement. C'est ce qui fera l'objet du chapitre suivant.

QUESTIONNAIRE DU TROISIÈME CHAPITRE.

1. Qu'est-ce que le système métrique?

2. Pourquoi le système métrique est-il appelé système légal des poids et mesures?

3. Quelle est la base du système métrique?

4. Comment obtient-on les multiples et les sous-multiples de chaque unité? Comment les représente-t-on ?

5. Quelle est la relation existant entre une unité quelconque et ses multiples et sous-multiples?

6. Quel avantage offre cette relation pour les opérations à effectuer sur les diverses unités?

7. Quelle est l'unité principale de longueur; nommez ses multiples et sous-multiples ?

8. Quelles sont les mesures de longueur dont l'usage est légalement autorisé dans le commerce?

9. Indiquez les usages auxquels chacune de ces mesures est employée.

10. A quoi servent le kilomètre et le myriamètre?

11. Quelle est l'unité principale ; indiquez ses multiples et sous-multiples ?

12. Dans quel cas le mètre carré est-il employé pour la mesure de surfaces ?

13. Quelle est l'unité de superficie (mesures agraires) ? Quels sont ses multiples et ses sous-multiples ?

14. A quoi est employé le myriamètre carré ?

15. Quelle préparation doit-on faire subir aux nombres qui représentent une surface à évaluer, lorsque ces nombres n'expriment pas des unités de même grandeur ?

16. Quelles sont les mesures de volume ?

17. Dans quel cas le mètre carré est-il employé comme mesure de volume ?

18. Qu'est-ce que le stère ; indiquez ses multiples et ses sous-multiples ?

19. Quelles sont les mesures de solides dont l'usage est légalement autorisé dans les chantiers de bois ? Comment ces mesures sont-elles construites ?

20. Quelles sont les diverses conditions auxquelles chacune d'elles doit satisfaire pour être légale ?

21. Quelle est l'unité de mesure de capacité ? Indiquez ses multiples et sous-multiples.

22. Quels sont ceux dont l'usage est légalement autorisé dans le commerce pour les matières sèches ?

23. Quelles formes doivent avoir ces mesures, et à quelles conditions doivent-elles satisfaire pour être légales ?

24. Quelle est la différence existant entre les mesures pour les liquides et celles pour les matières sèches ?

25. A partir de quelle mesure cette différence doit-elle avoir lieu ?

7.

26. De quel métal doivent être construites les mesures (liquides) à partir du double litre, et dans quelles proportions ce métal doit-il entrer dans leur fabrication ?

27. Quel poids doit avoir chacune de ces mesures ? A quelles conditions doivent-elles satisfaire pour être légales ?

28. Quelle forme doivent avoir les mesures pour le lait ; de quel métal doit-on les construire ?

29. Quelle est l'unité principale pour les poids ; indiquez ses multiples et sous-multiples ?

30 Quels sont les poids dont on se sert dans le commerce ?

31. Indiquez la série des poids en fer, leurs formes, les conditions de légalité auxquelles chaque poids doit satisfaire.

32. Indiquez la série des poids en cuivre, leurs formes, les conditions de légalité auxquelles chaque poids est soumis.

33. Qu'entend-on par poids simples ou divisés ?

34. Quels sont les instrumens de pesage ?

35. Qu'est-ce que la balance à bras égaux ; son usage ?

36. Qu'est-ce que la balance-bascule ; son usage ?

37. Qu'est-ce que la romaine ; son usage ?

38. A quelles conditions de légalité sont soumis ces divers instrumens ?

39. Quelle est l'unité monétaire ? quels sont ses sous-multiples ?

40. Quelles sont les pièces de monnaie en circulation ?

41. A quel titre sont-elles frappées ?

42. Indiquez leur poids en grammes, leur diamètre en millimètres ?

43. Comment divise-t-on le temps?

44. Qu'est-ce que le calendrier grégorien ?

45. Comment détermine-t-on les jours du calendrier grégorien, correspondant à ceux du calendrier républicain ?

46. Quels moyens a-t-on de s'assurer de la légalité des poids et mesures employés dans le commerce?

47. Comment vérifie-t-on les mesures de longueur? quelle est la tolérance accordée pour chacune d'elles?

48. Comment vérifie-t-on les mesures de solides (bois de chauffage) ?

49. Quelle est la tolérance accordée pour chacune d'elles?

50. Quels moyens emploie-t-on pour vérifier les mesures de capacité (matières sèches).

51. Quels sont les moyens de vérification pour les mesures de capacité (liquides)? Quelle tolérance est accordée pour chaque mesure?

52. Quels sont les moyens de vérification des poids?

53. Quelle est la tolérance accordée pour les poids en fer?

54. Quelle est la tolérance accordée pour les poids en cuivre?

55. Quels sont les moyens de vérification des instrumens de pesage?

56. Quelle est la tolérance accordée pour chaque instrument?

57. Quels sont les moyens de vérification pour les monnaies?

58. Quelles sont les tolérances accordées pour le titre des pièces d'or et d'argent, pour le poids de chaque pièce?

CHAPITRE IV.

Évaluation des anciennes mesures en nouvelles et réciproquement. Construction des tables, manière de s'en servir.

107. Chaque pays ayant conservé jusqu'ici les mesures particulières qu'il avait adoptées, et ces mesures variant même dans chaque contrée, d'un village à l'autre, la difficulté de construire des tables pour l'évaluation réciproque de toutes les anciennes mesures usitées en nouvelles, est devenue tellement grande, qu'il serait pour ainsi dire impossible d'en réaliser l'idée : aussi avons-nous été obligés de nous arrêter pour la construction des tables qui vont suivre aux mesures les plus généralement employées, c'est-à-dire à celles dites de Paris. Il sera facile du reste, la manière de construire une table pour l'évaluation en mesures nouvelles de l'une quelconque des anciennes de Paris étant connue, d'en établir une semblable pour l'évaluation en mesures nouvelles de la mesure correspondante d'un autre pays. En effet, supposons, pour

plus de clarté, que l'on eût construit une table pour l'évaluation des aunes de Paris en mètres; pour faire une table d'évaluation d'aunes de Lyon en mètres, il suffira, connaissant la valeur du mètre et celle de cette aune de Lyon en toise, de prendre le rapport existant entre ces deux unités de mesure : ce qui se fait très-facilement soit par le calcul, soit par la pratique. On déterminera ainsi la valeur de l'aune de Lyon en mètre, ou réciproquement du mètre en aune de Lyon, suivant que l'on désirera connaître l'un ou l'autre de ces rapports : cela fait, on formera facilement une table d'évaluation d'aunes de Lyon en mètres ou réciproquement, en suivant pour cette construction le procédé que nous allons indiquer.

108. On voit d'après cela que lors même que la trop grande diversité des mesures en usage dans chaque pays ne serait pas un grand obstacle à la formation de tables pour l'évaluation réciproque de chacune de ces mesures en unités nouvelles du système métrique; un ouvrage renfermant toutes ces tables e serait que d'une utilité tout-à-fait secondaire.

Moyens d'évaluer les anciennes mesures en nouvelles et réciproquement.

109. Mesures de longueur. L'unité principale

de longueur dans l'ancien système, était, ainsi que nous l'avons déjà dit, la toise. Nous avons vu également que le quart du méridien terrestre en contient 5130740. Le mètre, qui en est la dix-millionième partie, y est contenu 10000000 de fois : par conséquent on a 5130740 toises = 10000000, d'où l'on tire indistinctement le rapport du mètre à la toise ou celui de la toise au mètre. Ainsi on aura $1^t = \frac{10000000}{5130740} =$ $1^m 949036$, à 1 millionième près , expression de laquelle on tirera facilement la valeur du pied en mètres, en en prenant le sixième ; on déterminera également la valeur du pouce en mètre , en prenant le douzième de la valeur du pied ; celle de la ligne en mètre, en prenant le douzième de la valeur du pouce ; enfin celle du point en mètre sera le douzième de la valeur de la ligne. On tirera également de l'expression $10000000^m = 5130740^t$ $1^m = \frac{5130740}{10000000}$ $= 0^t,513074$ aussi à 1 millionième près. On déduira de cette expression les valeurs du mètre en pieds, pouces, lignes, points, en les multipliant par 6, nombre de pieds contenus dans la toise. Le produit par douze du résultat obtenu donnera sa valeur en pouces. Celui de ce nouveau résultat par douze, exprimera sa valeur en lignes, et celle-ci, multipliée encore par douze, présentera le nombre de points qu'il contient. La valeur de l'aune en toise étant 0',610918, on aura ce qu'elle vaut en mètre, en divisant cette expression par 0',513074, valeur du mètre. De même on aura la valeur du mètre en aune, en faisant l'opération inverse, c'est-à-dire en divisant 0',513074 par 0',610918. Enfin l'évaluation des diverses lieues en toises étant connue, pour avoir celle de ces lieues en kilomètres, et réciproquement, il suffira dans le premier cas de diviser les nombres divers représentant la valeur de chacune d'elles en toises par le nombre de toises contenues dans un kilomètre. Ce dernier nombre s'obtient en multipliant par 1000 l'expression 0',513074, ce qui revient à avancer la virgule de trois rangs vers la droite. Dans le second cas on fera l'opération inverse.

Après avoir opéré ainsi qu'il est indiqué ci-dessus, on a trouvé les résultats suivans :

Évaluation des anciennes mesures de longueur en mètres.

La toise vaut en mètres............		$1^m,94904$
Le pied	id................	0 ,32484
Le pouce	id................	0 ,027070
La ligne	id................	0 ,002256
Le point	id................	0 ,000188
L'aune	id................	1 ,18845

La lieue terrestre vaut en kilomètres. 4 ,4444
La lieue de poste   id...... 8 ,8981
La lieue marine   id...... 5 ,5556
Le mille marin   id...... 1 ,13516

Évaluation du mètre en toises, pieds, pouces, lignes, points, aunes; du kilomètre en lieues terrestres, lieues de poste, lieues marines, milles marins.

Le mètre vaut	en toises..........	0,51307
id.	en pieds..........	3,07844
id.	en pouces........	36,9413
id.	en lignes..........	443,296
id.	en points........	5319,552
id.	en aunes..........	0,84144
Le kilomètre vaut en lieues terrestres.		0,225
id.	en lieues de poste.	0,2565
id.	en lieues marines..	0,18
id.	en milles marins..	0,54

110. MESURES DE SURFACES. Pour avoir en mètres carrés les valeurs de la toise carrée, du pied carré, du pouce carré, de la ligne carrée et du point carré, il suffira de multiplier par eux-mêmes les nombres représentant la valeur de chacune de ces lignes en mètres. De même, pour avoir la valeur du mètre en toises carrées, pieds carrés, pouces carrés, lignes carrées, points carrés, il suffira de multiplier par eux-mêmes les nombres représentant ce que le mètre vaut de chacune de ces lignes.

En opérant ainsi on a trouvé :

Évaluation des toises carrées, pieds carrés, pouces carrés, lignes carrées, points carrés, en mètres carrés.

La toise carrée vaut en mètres carrés. 3,798744
Le pied carré   id......... 0,105521
Le pouce carré   id......... 0,00073278
La ligne carrée   id......... 0,000005089
Le point carré   id......... 0,0000000353

Évaluation du mètre carré en toise carrée, pieds carrés, pouces carrés, lignes carrées, points carrés.

Le mètre carré vaut en toise carrée..   0,263245
    id.   en pieds carrés   9,47682
    id.   en pouces carrés   1364,66
    id.   en lignes carrées   196511
    id.   en points carrés   28297623

111. MESURES AGRAIRES. Les mesures agraires dans l'ancien système étaient la perche carrée (eaux et forêts) et la perche carrée de Paris; étant, la première, un carré de 22 pieds de côté, la deuxième un carré de 18 pieds de côté. Pour évaluer ces mesures en ares (unités du nouveau système), on divisera le nombre représentant les pieds carrés contenus dans chacune d'elles par le nombre de pieds carrés contenus dans l'are. Réciproquement , pour avoir la valeur de l'are en perches carrées (eaux et forêts) et de Paris, il faudra diviser le nombre de pieds carrés

contenus dans l'are par chacun des nombres représentans les pieds carrés compris dans les perches carrées.

Chaque arpent ancien contenant cent perches carrées comme l'hectare contient cent ares, il s'ensuit qu'il existe entre chaque arpent et l'hectare le même rapport qui a lieu entre chaque perche carrée et l'are ; en opérant ainsi qu'il a été dit, on a trouvé :

Evaluation des perches carrées en ares, ou des arpens en hectares, et réciproquement.

L'arpent (eaux et forêts) vaut en hectares, ou la perche carrée (eaux et forêts) vaut en ares............... 0,510720.

L'arpent de Paris vaut en hectares, ou la perche carrée de Paris vaut en ares........................... 0,341887.

L'hectare vaut en arpens (eaux et forêts), ou l'are en perche carrée (eaux et forêts)..................... 1,958020.

L'hectare vaut en arpens de Paris, ou l'are en perche carrée de Paris.... 2,924943.

112. MESURES DE VOLUMES. Pour évaluer en mètres cubes les toises cubes, pieds cubes, pouces cubes, lignes cubes, points cubes, il suffira de faire le cube de chacune de ces lignes évaluées en mètres, c'est-à-dire de multiplier deux fois par eux-mêmes les nombres qui les représentent. Réciproquement, pour évaluer le mètre cube en toise cube, pied cube, pouce cube, ligne cube, point cube, il faudra faire le cube de chacun des nombres représentant ce que vaut le mètre évalué en toises, pieds, pouces, lignes et points.

Pour évaluer la corde (eaux et forêts) et la voie de Paris en stères ou mètres cubes, il suffira de diviser le nombre de pieds cubes contenus dans chacune de ces mesures par le nombre de pieds cubes compris dans le stère, et réciproquement, pour évaluer cette dernière mesure en corde (eaux et forêts) et voie de Paris, il suffira de diviser le nombre de pieds cubes qu'elle contient par chacun de ceux qui représentent les valeurs des corde et voie de Paris, en pieds cubes.

On fera de même pour l'évaluation des solive, marque et cheville en stère.

On a trouvé en opérant ainsi qu'il vient d'être indiqué :

Évaluation des anciennes mesures cubiques en nouvelles.

La toise cube vaut en mètres cubes. 7,40389
Le pied cube   id............ 0,0342773
Le pouce cube   id... .... 0,0000198‌36

La ligne cube vaut en mètres cubes. 0,00000001148
Le point cube   id........... 0,0000000000066
La corde (eaux et forêts) vaut en stères. 3,8391
La voie de Paris   id......... 1,9195
La solive   id........ 0,10283
La marque   id........ 0,00857
La cheville   id........ 0,0000286

Évaluation du mètre cube en anciennes mesures cubiques.

Le mètre cube vaut	en toise cube...	0,153064
id.	en pieds cubes.	29,1739
id.	en pouces cubes	50412,42
id.	en lignes cubes	8711265
id.	en points cubes	15053056043
Le stère en cordes (eaux et forêts)..		0,26048
id.	en voie de Paris	0,52096
id.	en solives......	9,7246
id.	en marques....	116,6952
id.	en chevilles....	8,56

113. MESURES DE CAPACITÉ (*Matières sèches*).
Pour évaluer le boisseau en litres, on divisera le nombre de pouces cubes contenus dans le premier, par le nombre de pouces cubes contenus dans le second; et à l'aide des relations connues qui existent entre le boisseau et ses multiples et sous-multiples, on déterminera facilement la valeur de chacun d'eux en

litres. Réciproquement, pour évaluer le litre en boisseau, on divisera le nombre de pouces cubes contenu dans le litre par le nombre de pouces cubes contenus dans le boisseau. Cette valeur une fois déterminée, il sera facile d'exprimer le litre en multiples et sous-multiples du boisseau au moyen des relations qui existent entre eux et le boisseau. On pourrait aussi déterminer le rapport du boisseau au litre, et du litre au boisseau, en pesant d'abord un boisseau d'une graine quelconque, et ensuite un litre de la même graine ; les quotiens de ces poids, divisés alternativement l'un par l'autre, exprimeraient les valeurs cherchées, du boisseau en litres et du litre en boisseau.

En opérant par l'une ou l'autre des méthodes indiquées, on trouve :

Évaluation des mesures anciennes de capacité en litres (matières sèches).

Le muid de grains vaut en litres...	1873,20
Le setier	id............	156,10
Le boisseau	id............	13,008
Le litron	id............	0,813
Le muid de sel	id............	2497,54
Le setier id.	id............	208,128
Le muid d'avoine vaut en litres.....	3746,30
Le setier id.	id............	312,192
Le muid de charbon	id............	4162,56
se tier id.	id............	416,256

Évaluation du litre en mesures anciennes de capacité (matières sèches).

Le litre vaut en muid de grains.... 0,000534
    id.   setier   id....... 0,00641
    id.   boisseau id....... 0,07687
    id.   litron   id....... 1,230
    id.   muid de sel....... 0,0004
    id.   setier   id........ 0,004804
    id.   muid d'avoine...... 0,000167
    id.   setier   id........ 0,003203
    id.   muid de charbon... 0,00024
    id.   setier   id....... 0,002402

114. MESURES DE CAPACITÉ. *Liquides.* Pour obtenir le rapport de la pinte au litre, ou celui du litre à la pinte, il faudrait opérer sur ces deux mesures, ainsi qu'il a été dit pour les mesures de capacité (matières sèches), c'est-à-dire diviser alternativement l'un par l'autre les nombres de pouces cubes contenus dans la pinte et le litre, ou peser exactement une pinte d'eau et un litre du même liquide, et diviser alternativement les poids obtenus l'un par l'autre. On déterminera ensuite les valeurs des multiples et sous-multiples de la pinte en litres, et réciproquement, au moyen des relations connues qui existent entre eux et la pinte.

En opérant par ces deux méthodes, on trouve :

*Évaluation des mesures anciennes de capacité (liquides)
en litres.*

Le muid de vin vaut en litres...... 268,2216
La feuillette   id............. 134,1108
Le quartaut   id............ 67,0554
La velte   id............   7,4506
La pinte   id............   0,93132
La chopine   id............   0,46566
Le demi-setier   id............   0,23283
Le poisson   id............   0,11641

Évaluation du litre en mesures anciennes (liquides).

Le litre vaut en muid de Paris..... 0,0037275
     id.   feuillette.......... 0,0074555
     id.   quartaut.......... 0,014911
     id.   velte............. 0,134199
     id.   pinte............. 1,0737
     id.   chopine,.......... 2,1474
     id.   demi-setier 4,2948
     id.   poisson............ 8,5896

115. UNITÉS DE POIDS. Des pesées de la plus
grande exactitude ont donné pour le poids du
gramme en grains 18,82715. Le quotient du nombre
de grains contenus dans la livre par cette expression
donne la valeur de la livre en grammes; la valeur du
gramme en livre se trouve en faisant la division in-

verse. Pour obtenir les subdivisions de la livre en grammes, et le gramme en ces subdivisions, il suffira d'opérer ainsi qu'il a été dit pour l'évaluation des sous-multiples de la toise en mètres, et du mètre en sous-multiples de la toise.

Il résulte des diverses opérations effectuées :

Évaluation des poids anciens en grammes, et réciproquement.

La livre vaut en grammes........	489,51
Le marc	id.............	244,75
L'once	id...........	30,59
Le gros	id...........	3,824
Le denier	id...........	1,2747
Le grain	id...........	0,0531
Le gramme vaut en livre........	0,002043
id.	marc.......	0,004086
id.	once........	0,032686
id.	gros	0,26149
id.	denier......	0,78447
id.	grains......	18,82715

116. PIÈCES DE MONNAIES. Après avoir comparé la quantité d'argent fin contenue dans un ancien écu de six livres avec celle contenue dans le franc, on en à conclu que le franc vaut 243 deniers, la livre valant 240 deniers; une livre vaut $\frac{240}{243} = \frac{80}{81}$; de même on a 1 franc $= \frac{81}{80}$. De ces expressions, on tire la valeur de

la livre en franc et réciproquement. Pour avoir la valeur des subdivisions de la livre en franc, et le franc en subdivisions de la livre, on opère comme il a été indiqué (109).

On trouve, ces opérations effectuées :

La livre vaut en franc...............	0,987654
Le sou	id.................	0,0994
Le denier	id.................	0,0041
Le franc vaut en livres...........	1,0125
id.	en sous.............	20,250
id.	en deniers.........	243

117. Unité circulaire. La relation toute simple existant entre le degré et le grade, nouvelle division du cercle, donne le moyen d'évaluer facilement les degrés en grades et réciproquement. Cette relation est 9 degrés $=$ 10 grades, d'où on tire successivement 1 degré $= \frac{10}{9}$ grades $= 1, 1111$, et 1 grade $= \frac{9}{10} =$ degrés $= 0,9$. De ces deux expressions on déduit facilement les valeurs des minutes, secondes et tierces sexagésimales en grades, et réciproquement. On a trouvé :

Le degré vaut en grades...........	1,1111
La minute vaut en minute centigrade..	1,6666
La seconde vaut en seconde centigrade	1,6666
Le grade vaut en degré...........	0,9
La minute vaut en minute sexagésimale	0,6
La seconde vaut en seconde sexagésimale.................................	0,6

Usage des Tables.

118. Les tables d'évaluation des anciennes mesures en nouvelles offrent non seulement l'avantage de déterminer promptement la valeur d'un certain nombre d'unités de longueur, de surface, de volume, etc. d'un système, en unités de même nature de l'autre système. Mais elles peuvent aussi, et cette remarque est d'une grande importance, servir à déterminer le prix d'un certain nombre d'unités d'une matière quelconque dans un système : connaissant le prix d'une unité de cette matière dans l'autre. L'exemple suivant fera comprendre facilement ce que nous avançons.

Déterminer le prix de dix mètres d'une certaine étoffe, sachant que cette étoffe coûte 7 f. 75 c. l'aune.

Pour résoudre cette question, on cherche dans la table d'évaluation des mètres en aunes, la valeur de 10 mètres ; le produit de la valeur trouvée par le nombre 7 f. 75 c., donnera la solution de la question proposée. En effet la valeur de 10 mètres donnée par la table étant exprimée en aunes, on est conduit à faire ce raisonnement: si une aune d'étoffe coûte 7 f. 75 c., tant d'aunes coûteront 775 fois plus ; c'est-à-dire un prix déterminé par le produit du nombre d'aunes, par le prix d'une aune, et comme ce nombre est précisément égal à dix mètres, il s'ensuit que le prix trouvé est bien celui de dix mètres d'étoffe dont l'aune coûte 7 f. 75 c.

Construction des tables.

119. Pour construire les tables dont nous venons de parler, on écrit les uns à la suite des autres dans une même colonne verticale, les nombres 1, 2, 3, jusqu'à 10. On indique ensuite en tête de colonnes séparées, et sur une même ligne horizontale, les noms des diverses mesures que l'on veut évaluer, et ceux de celles auxquelles on les rapporte. Cela fait, on écrit dans chaque colonne ainsi formée, en face du chiffre 1 de la colonne verticale, renfermant les dix premiers nombres, les rapports déterminés, ainsi qu'il a été dit, de chacune des unités à évaluer, à celle en laquelle elle doit être convertie ; on a ainsi le premier nombre de chaque colonne : on forme ensuite chacune d'elles en écrivant successivement vis-à-vis les chiffres 2, 3, 4, 5, etc. les résultats obtenus d'abord, en ajoutant le premier nombre à lui-même, puis le dernier obtenu à ce même premier pour déterminer le suivant, et ainsi de suite, jusqu'à ce qu'on ait formé les dix nombres de chaque colonne. Ainsi, pour faciliter l'intelligence

de ce qui précède, supposons que l'on ait à former le tableau I d'évaluation de toises, pieds, pouces, lignes, en mètres.

On écrira d'abord les dix premiers nombres les uns au-dessous des autres, puis on formera autant de colonnes qu'on a d'unités à évaluer, c'est-à-dire 4. On écrira en tête de chacune d'elles, *toises en mètres* ; *pieds en mètres* ; *pouces en mètres* ; *lignes en mètres* ; ensuite on écrira au-dessous de chaque inscription et en face du chiffre 1, les nombres 1,94904, 0,32484, 0,027070, 0,002256, exprimant respectivement les valeurs d'une toise, d'un pied, d'un pouce, d'une ligne en mètres. Enfin, on déterminera les autres nombres, c'est-à-dire la valeur de 2, 3, 4, 5, etc.., de chacune de ces unités en mètres, en ajoutant d'abord les nombres 1,94904, 0,32484, 0,027070, 0,002356, à eux-mêmes, et successivement les nombres ainsi obtenus au premier pour former le suivant, et ainsi de suite.

Manière de se servir des tables.

120. L'avantage qu'offre l'usage des tables de conversion consiste en ce que l'évaluation d'un nombre quelconque d'unités d'un système, en unités correspondantes de l'autre, s'obtient au moyen d'une simple addition : il suffit, pour cela, de décomposer

le nombre proposé en ses diverses unités, puis d'a-
vancer ou de reculer la virgule de 1, 2, 3, 4, etc.
rangs vers la droite ou vers la gauche, suivant que
le nombre de chacune des parties dont on veut obtenir la valeur est 10, 100, 1000, 10000 fois plus
grand ou plus petit que celui qui se trouve dans la
colonne N de la table ; la somme des divers résultats obtenus est le nombre cherché.

121. Dans chacune des applications qui suivent, les
calculs ont été effectués avec toutes les décimales
des tables. On peut toutefois se contenter de ne
prendre que les trois premières, en ayant soin
d'augmenter d'une unité le dernier chiffre employé,
si celui qui le suit et qu'on néglige est égal à 5, ou
plus grand.

122. Remarque. L'évaluation des mesures nouvelles en anciennes ne donnant pour résultat que des
unités entières et des fractions décimales de l'unité
recherchée, pour évaluer ces fractions décimales en
subdivisions de cette unité, il faudra multiplier
d'abord la fraction décimale obtenue par le nombre
représentant la valeur de l'unité principale en unités de la 1re subdivision, et successivement chaque
partie décimale résultant des produits successifs
par le nombre de fois que l'unité de la subdivision

qu'elle représente contient l'unité de la subdivision suivante. Ainsi, pour obtenir la valeur de 0,94 de toises en pieds, pouces et lignes, on multiplie 94 par 6 (nombre de pieds contenus dans la toise), on obtient le résultat 5,64, qui exprime 0,94 de toise = 5 pieds, 0,64 de pieds. On multiplie cette nouvelle expression décimale par 12 (valeur de 1 pied en pouces) on obtient le résultat 7,68 qui indique que la fraction décimale de pieds 0,64 renferme 7 pouces 0,68 dixièmes de pouces. Et enfin le produit de 0,68 par 12 (nombre de lignes contenues dans le pouce) donne pour résultat 8,16, qui indique que la fraction décimale de pouces 0,68 renferme 8 lignes 0,16 lignes, 0,94 toise, valent donc 5 pieds 7 pouces 8 lignes.

QUESTIONNAIRE DU QUATRIÈME CHAPITRE.

1. Comment obtient-on l'évaluation de la toise et de ses sous-multiples en mètres, et réciproquement?

2. Indiquer les moyens d'évaluer les anciennes mesures de surface en mètres carrés, et réciproquement.

3. Évaluation des mesures agraires anciennes en mesures agraires nouvelles.

4. Rapport particulier existant entre les valeurs de l'arc en perches carrées ou des perches carrées en arc, et celles de l'hectare en arpens ou des arpens en hectare.

5. Évaluation de la toise cube et de ses subdivisions en mètres cubes.

6. Évaluer la corde de bois (eaux et forêts) et la voie de Paris en stères.

7. Évaluer les mesures de capacité (matières sèches) en litres, et réciproquement.

8. Évaluer les mesures de capacité (liquides) en litres, et réciproquement.

9. Évaluer la livre poids ancienne et ses subdivisions en grammes.

10. Évaluer la livre monnaie et ses subdivisions en grammes, et réciproquement.

11. Évaluer les degrés anciens et ses subdivisions en grades et subdivisions de grade, et réciproquement.

12. Quels avantages tire-t-on de la construction des tables ?

13. Comment construit-on les tables ?

14. Indiquer la manière de s'en servir ?

PREMIÈRE TABLE.

LONGUEUR.

Évaluation des Toises, Pieds, Pouces et Lignes en Mètres.

N°	TOISES en mètres.	PIEDS en mètres.	POUCES en mètres.	LIGNES en mètres.
1	1,94904	0,32484	0,027070	0,002256
2	3,89807	0,64968	0,054140	0,004512
3	5,84711	0,97452	0,081210	0,006768
4	7,79615	1,29936	0,108280	0,009024
5	9,74518	1,62420	0,135350	0,011280
6	11,69422	1,94904	0,162419	0,013536
7	13,64326	2,27388	0,189489	0,015792
8	15,59230	2,59872	0,216559	0,018048
9	17,54133	2,92356	0,243629	0,020304
10	19,49037	3,24840	0,270699	0,022560

APPLICATION.

Trouver en mètres la valeur de 27 toises, 3 pieds, 8 pouces, 11 lignes.

Solution. Si on remarque que 27 toises équivalent à 2 fois 10 toises + 7 toises et que 11 lignes sont 10 + 1 lignes, on résoudra facilement cette question au moyen

de la table I. Il suffit en effet de déterminer la valeur
de 20 toises en mètres, et pour cela, de multiplier
par 10 celle de 2 toises ; additionnant la valeur ainsi
trouvée avec celles tirées directement de la table pour
les autres parties du nombre, 27 toises, 3 pieds, 8 pouces, 11 lignes, on obtient pour résultat la réponse à la
question proposée.

DISPOSITION DU CALCUL.

$$
\begin{aligned}
20^{\text{T}} &= 38,98071. \\
7 &= 13,64326. \\
3^{\text{p}} &= 0,97452. \\
8^{\text{pces}} &= 0,21656. \\
10_{\text{L}} &= 0,02256. \\
1. &= 0,00226. \\
\hline
\text{Somme} &= 53,8399.
\end{aligned}
$$

Donc 27 toises, 3 pieds, 8 pouces, 11 lignes, valent
53 mètres 8399.

REMARQUE. —Dans le cas où l'on aurait demandé cette valeur en
décamètres ou hectomètres, on aurait pu opérer ainsi qu'il a été fait,
et l'on aurait alors exprimé en hectomètres ou décamètres la valeur
obtenue en mètres, en avançant la virgule de deux ou d'un rang vers
la gauche. La facilité de cette transformation repose sur la propriété
dont jouissent les multiples et sous-multiples du mètre, d'être dix,
cent, ou mille fois plus grands ou plus petits que lui.

Cette remarque est générale et peut s'appliquer à toutes les nouvelles unités de mesures du système métrique dont tous les multiples
et sous-multiples sont, comme ceux du mètre lui-même, dix, cent,
mille fois plus grands ou plus petits qu'elles.

DEUXIÈME TABLE.

LONGUEUR.

Évaluation des Mètres en Toises, Pieds, Pouces et Lignes.

Nos	MÈTRES			
	en TOISES.	en PIEDS.	en POUCES.	en LIGNES.
1	0,51307	3,07844	36,9413	443,296
2	1,02614	6,15689	73,8827	886,592
3	1,53922	9,23533	110,8240	1329,888
4	2,05230	12,31378	147,7653	1773,184
5	2,56537	15,39222	184,7067	2216,480
6	3,07844	18,47066	221,6480	2659,775
7	3,59152	21,54911	258,5893	3103,071
8	4,10459	24,62755	295,5306	3546,367
9	4,61767	27,70600	332,4720	3989,663
10	5,13074	30,78444	369,4133	4432,959

APPLICATION.

Trouver en toises, pieds, pouces et lignes, la valeur de 53^{m},8399.

SOLUTION. Si, comme on l'a fait pour les toises et les lignes dans l'exemple précédent ; on remarque que 53 mètres représentent 10 fois 5 mètres + 3 mètres, que pour obtenir la valeur de 0,8399 mètres en toises, il suffit de diviser respectivement par 10, 100, 1000 et 10000 les nombres représentant 8 , 3 , 9 et 9 mètres en toises, l'addition des valeurs ainsi déterminées donnera pour résultat celle du nombre de mètres proposés en toises et parties décimales de toises.

DISPOSITION DU CALCUL.

$$50^m \qquad = \qquad 25^t,65370.$$
$$3. \qquad = \qquad 1,53922.$$
$$0,8 \qquad = \qquad 0,41046.$$
$$0,03 \qquad = \qquad 0,01539.$$
$$0,009. \qquad = \qquad 0,00462,$$
$$0,0009. \qquad = \qquad 0,00051.$$

$$\text{Somme} = 27^t,62390.$$

La valeur de $53^m,8399$ étant ainsi exprimée en toises et fractions décimales de toise, pour déterminer le nombre des pieds, pouces et lignes qu'elle renferme , il suffit maintenant de multiplier la partie décimale par 6 , afin d'avoir d'abord le nombre des pieds. On multiplie ensuite par 12 pour extraire le nombre de pouces, la partie décimale du nouveau résultat.

Enfin le produit par 12 de la partie décimale provenant de cette dernière multiplication , fait connaître le nombre de lignes qui y est contenu.

Toutes ces opérations effectuées, on trouve pour solution
$$53^m,8399 = 27^t, 3^p, 8^o, 11^l.$$

I. Évaluer en décimètres , la valeur de 74 pieds , 18 pouces , 55 lignes.

II. Déterminer en toises, pieds , pouces , et lignes, la valeur de 395 kilomètres , 7296.

III. La hauteur de la cathédrale de Strasbourg est de 441 pieds; on demande d'exprimer cette hauteur en mètres.

TROISIÈME TABLE.

LONGUEUR.

Evaluation des Aunes et Fractions d'aunes de Paris en Mètres.

N^os	AUNES en mètres.	FRACTIONS d'aunes en mètres.		FRACTIONS d'aunes en mètres.		FRACTIONS d'aunes en mètres.	
1	1,18845	$\frac{1}{2}$	0,59422	$\frac{7}{8}$	1,03988	$\frac{11}{16}$	0,81705
2	2,37689	$\frac{1}{3}$	0,39615	$\frac{1}{12}$	0,09903	$\frac{13}{16}$	0,96561
3	3,56534	$\frac{2}{3}$	0,79220	$\frac{5}{12}$	0,49518	$\frac{15}{16}$	1,1 417
4	4,75378	$\frac{1}{4}$	0,29711	$\frac{7}{12}$	0,69326		
5	5,94223	$\frac{3}{4}$	0,89134	$\frac{11}{12}$	1,08857		
6	7,13068	$\frac{1}{6}$	0,19807	$\frac{1}{16}$	0,07427		
7	8,31912	$\frac{5}{6}$	0,99037	$\frac{3}{16}$	0,22283		
8	9,50757	$\frac{1}{8}$	0,14855	$\frac{5}{16}$	0,37139		
9	10,69601	$\frac{3}{8}$	0,44567	$\frac{7}{16}$	0,51994		
10	11,88446	$\frac{5}{8}$	0,74278	$\frac{9}{16}$	0,65600		

APPLICATION.

Évaluer en mètres 387 aunes 5/6, déterminer leur prix, sachant que celui d'un mètre est de 3 f. 15 cent,

Solution. 387 aunes se décomposent en 300 + 80 + 7 aunes. Si on multiplie par 100 la valeur donnée par le tableau III, de 3 aunes en mètres, on obtient ainsi la valeur de 300 aunes en mètres ; de même en multipliant par 10 la valeur de 8 aunes, on aura celle de 80 aunes.

Si on additionne toutes les valeurs ainsi obtenues, et celles qui se trouvent consignées dans le tableau, le résultat de cette addition sera la réponse à la première partie de la question proposée.

DISPOSITION DU CALCUL.

$$
\begin{array}{rcl}
300 \text{ aunes} &=& 356,534 \\
80 &=& 95,0757 \\
7 &=& 8,31912 \\
5/6 &=& 0,99037 \\
\hline
\text{Somme} && 460,91919
\end{array}
$$

On a donc 387 aunes 5/6 = 460$^\mathrm{m}$91919.

Maintenant, pour déterminer le prix de 387 a. $\frac{5}{6}$, on multiplie l'expression représentant la valeur de ce nombre d'aunes en mètres par le prix connu du mètre, 3 fr. 45 c., et le résultat de cette multiplication est le prix demandé. 387 aunes $\frac{5}{6}$ coûteront donc 1590 fr. 17 c. — De là on tirerait facilement le prix d'une aune en divisant 1590 fr. 17 c. par 387 $\frac{5}{6}$.

QUATRIÈME TABLE.

LONGUEUR.

Évaluation de Mètres en aunes et de Fractions décimales d'aunes en Fractions ordinaires.

Nos	MÈTRES en aunes.	DÉCIMALES d'aunes en fractions ordinaires.		DÉCIMALES d'aunes en fractions ordinaires.		DÉCIMALES en fractions ordinaires.	
1	0,84144	0,06250	$\frac{1}{16}$	0,43750	$\frac{7}{16}$	0,87500	$\frac{7}{8}$
2	1,68287	0,08333	$\frac{1}{12}$	0,50000	$\frac{1}{2}$	0,91666	$\frac{11}{12}$
3	2,52431	0,12500	$\frac{1}{8}$	0,56250	$\frac{9}{16}$	0,93750	$\frac{15}{16}$
4	3,36574	0,16666	$\frac{2}{8}$	0,58333	$\frac{7}{12}$		
5	4,20718	0,18750	$\frac{3}{16}$	0,62500	$\frac{5}{8}$		
6	5,04861	0,25000	$\frac{1}{4}$	0,66666	$\frac{2}{3}$		
7	5,89005	0,31250	$\frac{5}{16}$	0,68750	$\frac{11}{16}$		
8	6,73148	0,33333	$\frac{1}{3}$	0,75000	$\frac{3}{4}$		
9	7,57292	0,37520	$\frac{3}{8}$	0,81250	$\frac{13}{16}$		
10	8,41435	0,41666	$\frac{5}{12}$	0,85332	$\frac{5}{6}$		

APPLICATION.

Trouver la valeur de 35ᵐ, 576 en aunes et fractions d'aunes de Paris.

SOLUTION. Pour obtenir le résultat demandé, on prend 10 fois la valeur de 3 mètres en aunes, tirée de la table ci-dessus ; ce qui donne celle de 30 mètres en aunes ; on y ajoute celle de 5 mètres, et on a la valeur de 35 mètres en aunes ; puis on obtient facilement celle des fractions de mètres en avançant successivement la virgule d'un de deux et de trois rangs vers la droite dans les nombres représentant les valeurs respectives de 5 , 7 et 6 mètres en aunes. Le résultat de l'addition de toutes ces valeurs donne celle du nombre proposé en aunes et fractions décimales de l'aune. Pour avoir ensuite en fraction ordinaire de l'aune la fraction décimale du résultat, on cherche dans la table la fraction décimale de l'aune qui s'en approche le plus, et on prend pour cette valeur la fraction ordinaire qui y correspond.

DISPOSITION DU CALCUL.

30ᵐ	=	25,2431.
5	=	4,20718,
0,5	=	0,420718.
07	=	0,0589005.
006	=	504801.
Somme		29. 93494711.

0, 934 aunes = 15/16.

Il résulte de cette opération que 35ᵐ, 576 = 29. 15/16.

I. On sait que l'aune d'une certaine étoffe coûte 2 fr. 75 c., combien coûteront 15 mètres de cette étoffe.

II. 2 aunes 1/3 d'un drap étant nécessaires pour la confection d'un habillement complet, on demande combien il faudra de mètres. Déterminez combien coûterait l'aune de ce drap, sachant que le mètre vaut 27 fr.

III. Evaluer en mètres 465 aunes 3/8.

CINQUIÈME TABLE.

DISTANCES.

Évaluation des Lieues terrestres et marines en Kilomètres.

Nos	LIEUES terrestres de 25 au degré en kilomètres.	LIEUES de poste en kilomètres.	LIEUES marines 20 au degré en kilomètres.	MILLES MARIN 60 au degré en kilomètres.
1	4,4444	3,8981	5,5556	1,8516
2	8,8889	7,762	11,1111	3,6032
3	13,3333	11,6943	16,6667	5,4548
4	17,7778	15,5924	22,2222	7,2064
5	22,2222	19,4905	27,7778	9,0580
6	26,6667	23,3886	33,3333	10,9096
7	31,1111	27,2867	38,8889	12,6612
8	35,5556	31,1848	44,4444	14,4128
9	40,0000	25,0829	50,0000	16,2644
10	44,4444	38,9810	55,5556	18,1170

APPLICATION.

Déterminer le nombre de lieues de poste contenu dans 37 lieues 25 , de 25 au degré, et exprimer ce nombre en kilomètres.

SOLUTION. Pour résoudre cette question , on détermine

d'abord le nombre de kilomètres contenus dans 37,25 ; ce qui se fait au moyen de la table V, ainsi qu'il suit :

37 lieues valent 10 fois 3 lieues + 7 lieues 25 centièmes de lieues valent 2 dixièmes, + 5 centièmes ; et comme pour obtenir l'expression de ces dixièmes et centièmes en kilomètres, il suffit de diviser les valeurs de 2 et 5 lieues en kilomètres, l'une par 10 et l'autre par 100 , on a :

DISPOSITION DU CALCUL.

30^l	=	133,333
7^l	=	31 ,1111
$0,2^l$	=	0 ,88899
$0,05^l$	=	0 ,22222
Somme	=	165 ,5553

Ayant ainsi obtenu 165,5553 pour expression des 37 lieues 25 en kilomètres, on détermine le nombre de lieues de postes qui y est contenu , en divisant ce résultat par la valeur de la lieue de poste en kilomètres. Cette division donne pour quotient 42 lieues de poste 470.

On a donc pour réponse à la question proposée :

37 lieues 25 = 42 lieues de poste 470 = 165 kilomètres 5553.

SIXIÈME TABLE.

DISTANCES.

Évaluation des Kilomètres en Lieues terrestres et marines.

N^os	KILOMÈTRES			
	en LIEUES terrestres.	en LIEUES de poste.	en LIEUES marines.	en MILLES marins.
1	0,225	0,2565	0,18	0,54
2	0,450	0,5131	0,36	1,08
3	0,675	0,7696	0,54	1,62
4	0,900	1,0261	0,72	2,16
5	1,125	1,2827	0,90	2,70
6	1,350	1,5392	1,08	3,24
7	1,575	1,7958	1,26	3,78
8	1,800	2,0523	1,44	4,32
9	2,025	2,3088	1,62	4,86
10	2,250	2,5654	1,82	5,40

APPLICATION.

Exprimer en lieues marines et milles marins la valeur de 24,3548 myriamètres.

SOLUTION. Le myriamètre valant dix mille mètres, et par conséquent dix kilomètres, vingt myriamètres vaudront 100 fois 2 kilomètres. Il suffit donc, pour avoir la valeur de

20 myriamètres en lieues marines, de multiplier par 100 celle de 2 kilomètres, prise dans la table VI.

On aura de même la valeur de 4 myriamètres en lieues marines, en multipliant par 10 celle qui représente 4 kilomètres en unités de l'espèce cherchée. En raisonnant d'une manière analogue, on obtiendra les valeurs de $0^m,3548$ en lieues marines.

La somme de toutes ces valeurs donnera celle de 20 myriamètres 3548 en lieues marines.

DISPOSITION DU CALCUL.

$$20^m \qquad = 36$$
$$4 \qquad = 7,2$$
$$0,3 \qquad = 0,54$$
$$0,05 \qquad = 0,090$$
$$0,004 \qquad = 0,0072$$
$$0,0008 \qquad = 0,00144$$
$$\text{Somme} = 43,83864$$

On a donc 20 myriamètres 3548 = 43 lieues marines 83864.

Pour déterminer le nombre de milles marins contenus dans la partie décimale de ce résultat, on multiplie cette partie décimale par le nombre de milles marins contenus dans la lieue marine, et on obtient pour produit 2,51592.

Donc 20 myriamètres 3548 = 43 lieues marines 2 milles marins 51592.

On aurait pu, au lieu de déterminer immédiatement la valeur demandée en lieues marines, la chercher en milles marins; on eût obtenu pour résultat : 131 milles marins 51592, et la partie entière de ce résultat, divisée par 3, eût donné le nombre de lieues marines qui y est contenu.

SEPTIÈME TABLE.

SURFACES.

Évaluation des Toises carrées, Pieds carrés, Pouces carrés, Lignes carrées en Mètres carrés.

Nos	TOISES carrées en mètres carrés.	PIEDS carrés en mètres carrés.	POUCES carrés en mètres carrés.	LIGNES carrées en mètres carrés.
1	3,798744	0,105521	0,00073278	0,000005089
2	7,597487	0,211041	0,00146556	0,000010178
3	11,396231	0,316562	0,00219834	0,000015267
4	15,194975	0,422083	0,00293112	0,000020356
5	18,973718	0,527604	0,00366390	0,000025445
6	22,792462	0,633124	0,00439668	0,000030534
7	26,591205	0,738645	0,00512946	0,000035623
8	30,389949	0,844166	0,00586224	0,000040712
9	34,188693	0,949686	0,00659502	0,000045801
10	37,787436	1,055207	0,00732780	0,000050890

NOTA. Les multiples et sous-multiples du mètre étant, relativement à cette longueur, de dix en dix fois plus grands ou plus petits qu'elle, on peut, au moyen de la table ci-dessus, déterminer la valeur d'un certain nombre de toises carrées, pieds carrés, etc., en décamètres carrés, hectomètres carrés, kilomètres carrés, décimètres carrés, centimètres carrés, millimètres carrés, en se rappelant, pour les multiples, que le décamètre carré vaut 100 mètres carrés, que l'hectomètre carré vaut 100 décamètres carrés ou 10000 mètres carrés, enfin que le kilomètre carré vaut 100 hectomètres carrés ou 10000 décamètres carrés, ou enfin 1000000 de mètres carrés ; et pour les sous-multiples : que le décimètre carré est la centième partie du mètre carré ; le centimètre carré, la centième partie du décimètre carré, ou la dix millième partie du mètre carré ; et enfin que le millimètre carré est la centième partie du centimètre carré, ou la dix-millième partie du décimètre carré, ou enfin la millionième partie du mètre carré. D'après cela, pour avoir la valeur d'une certaine quantité de toises en kilomètres carrés, il faudrait prendre la millionième partie de la valeur de ce nombre de toises exprimée en mètres carrés, c'est-à-dire reculer la virgule de 6 rangs vers la gauche.

APPLICATION.

Évaluer en mètres carrés 359 toises carrées, 5 pieds carrés, 7 pouces carrés, 11 lignes carrées.

Pour déterminer la valeur demandée, on remarque que 359 toises carrées se composent de 300 toises carrées + 50 toises carrées + 9 toises carrées. Que 11 lignes carrées représentent 10 lignes carrées + 9 lignes carrées ; ayant soin, pour avoir la valeur de 300 toises carrées, de multiplier par 100 la valeur de 3 toises prises dans la table VII, et pour avoir celle de 50 toises carrées de multiplier par 10 celle de 5 toises prise dans les même tableau, on a :

DISPOSITION DU CALCUL.

300 t. c.	=	1139,6231
50	=	189,73718
9	=	34,188693
5 p. c.	=	0,527604
7 p. c.	=	0,00512946
10 l. c.	=	0,00005089
11	=	0,000005089
Somme	=	1364,081762439.

Le résultat obtenu 1364,081762439 représente la valeur de la quantité proposée en mètres carrés.

HUITIÈME TABLE.

SURFACES.

Évaluation des Mètres carrés en Toises carrées, Pieds carrés, Pouces carrés et Lignes carrées.

Nos	MÈTRES CARRÉS			
	EN TOISES carrées.	EN PIEDS carrés.	EN POUCES carrés.	EN LIGNES carrées.
1	0,263245	9,47682	1364,66	196611
2	0,525490	18,95363	2729,32	393023
3	0,789735	28,43045	4093,99	589534
4	1,052980	37,90726	5458,65	786045
5	1,316225	47,38408	6823,31	982557
6	1,579469	56,86090	8187,97	1179068
7	1,842714	66,33771	9552,63	1375579
8	2,105959	75,81453	10917,30	1572090
9	2,369204	85,29134	12281,96	1768602
10	2,632449	94,76816	13646,62	1965113

NOTA. La toise carrée vaut 36 pieds carrés ; le pied carré, 144 pouces carrés ; le pouce carré, 144 lignes carrées.

APPLICATION.

Calculer la valeur de 35 kilomètres carrés, 24 décimètres carrés, en toises carrées, pieds carrés, pouces carrés, lignes carrées.

Pour résoudre cette question, on remarque que le kilomètre carré valant 1,000000 mètres carrés, 35 kilomètres carrés valent 30 + 5 mètres carrés répétés 1,000000 de fois, ou 10 $\times$ 3 mètres carrés + 5 mètres carrés, le tout répété 1,000000 de fois. Le décimètre carré étant la centième partie du mètre carré, 24 décimètres carrés vaudront 24 centièmes ou 2 dixièmes + 4 centièmes de mètre carré. Cela posé, si on tire de la table les valeurs de 3, 5, 2 et 4 mètres carrés en toises carrées et qu'on effectue pour ces valeurs les opérations indiquées ci-dessus, la somme des divers résultats donne l'expression de 25 kilomètres carrés, 24 décimètres carrés en toises carrées.

DISPOSITION DU CALCUL.

$$30^{\text{l. c.}} \;=\; 7897350$$
$$5 \;=\; 1316225$$
$$20^{\text{d. c.}} \;=\; 0,052549$$
$$4 \;=\; 0,0105298$$

$$\text{Somme} = 9213575,0630788$$

Donc 35 kilomètres carrés, 24 décimètres carrés valent 9213575 toises carrées 0630788.

Afin de déterminer maintenant les subdivisions de la toise carrée comprises dans la partie décimale de ce résultat, on la multiplie par 36 (nombre de pieds carrés contenus dans la toise carrée). On multiplie ensuite la partie décimale de ce produit par 144 (nombre de pouces carrés contenus dans le pied carré), et enfin la nouvelle fraction décimale ainsi obtenue par 144 (nombre de lignes contenues dans le pouce carré). On obtient pour résultat définitif :

35 kilomètres carrés, 24 décimètres carrés valent 9213575 toises carrées, 2 pieds carrés 39 pouces carrés.

NEUVIÈME TABLE.

SUPERFICIES.

Évaluation des mesures agraires anciennes en mesures nouvelles, et réciproquement.

Nos	ARPENS eaux et forêts en hectares ou perches carrées en ares	ARPENS de Paris en hectares ou perches carrées en ares	HECTARES en arpens eaux et forêts ou ares en perches carrées.	HECTARES en arpens de Paris ou ares en perches carrées.
1	0,51072	0,34189	1,95802	2,92494
2	1,02144	0,68377	3,91604	5,84989
3	1,53206	1,02566	5,87406	8,77483
4	2,04288	1,36755	7,83208	11,69977
5	2,55360	1,70943	9,79010	14,62471
6	3,06432	2,05132	11,74812	17,54966
7	3,57504	2,39321	13,70614	20,47460
8	4,08776	2,73510	15,66416	23,39954
9	4,59648	3,07698	17,62218	26,32449
10	5,10720	3,41887	19,58020	29,24943

Nota. L'arpent (eaux et forêts) vaut 100 perches carrées (de 22 pieds); l'arpent de Paris vaut 100 perches carrées (de 18 pieds); l'are vaut 100 mètres carrés.

APPLICATION.

Chercher le nombre d'arpens (eaux et forêts) contenus dans 349 arpens de Paris 75, et exprimer le résultat en hectares.

SOLUTION. Pour résoudre cette question, il faut déterminer d'abord au moyen de la table ci-dessus la valeur de 349,75 arpens de Paris en hectares, diviser ensuite le résultat par la valeur d'un arpent (eaux et forêts), exprimé aussi en hectares.

Le quotient de cette division sera la réponse à la question proposée.

DISPOSITION DU CALCUL.

300 arp.	=	102,566
40	=	13,6755
9	=	3,07698
0,7	=	0,23932
00,5	=	0,01709
Somme =		119,57489

Il résulte de cette opération que

349,75 arpens de Paris = 119,57489 hectares.

La valeur de 1 arpent (eaux et forêts) étant 0,51072, la valeur de 349,75 arpens de Paris, en arpens (eaux et forêts) exprimée en hectares sera égale à

$$\frac{11957489}{51072} = 34,1496$$

On a donc définitivement,

349,75 arpens de Paris, 234,1496 arpens (eaux et foêts) = 119,57489 hectares.

DIXIÈME TABLE.

SUPERFICIES.

Évaluation des Lieues carrées en Myriamètres carrés et Myriares, et réciproquement.

Nos	LIEUES CARRÉES		MYRIAMÈTRES carrés en lieues carrées.	MYRIARES en lieues carrées.
	en myriamètres carrés.	en myriares.		
1	0,1975269	19,75269	5,0625	0,050625
2	0,3950538	39,50538	10,1250	0,101250
3	0,5925807	59,25807	15,1875	0,151875
4	0,7901076	79,01076	20,2500	0,202500
5	0,9876345	98,76345	25,3125	0,253125
6	1,1851614	118,51614	30,3750	0,303750
7	1,3826883	138,26883	35,4375	0,354375
8	1,5802152	158,02152	40,5000	0,405000
9	1,7777421	177,77421	45,5625	0,455625
10	1,9752690	197,52690	50,6250	0,506250

NOTA. Les lieues considérées dans ce tableau sont celles de 25 au degré. Le myriamètre carré vaut 100 myriares.

APPLICATION.

I. Trouver la valeur de 37 lieues carrées 45 en myriamètres carrés.

SOLUTION. 37 lieues carrées se composent de 30 + 7

lieues carrées. On détermine directement, au moyen de la table X, la valeur de 7 lieues carrées en myriamètres carrés; celle de 30 lieues carrées s'obtient en multipliant par 10 le nombre représentant 3 lieues carrées en myriamètres carrés.

On détermine également 0,45 centièmes de lieues carrées en myriamètres, en divisant respectivement par 10 et par 100 les valeurs de 4 et 5 lieues carrées, données par la table.

Le résultat de l'addition de toutes les valeurs ainsi déterminées donnela réponse à la question proposée.

DISPOSITION DU CALCUL.

$$30_1. \quad = \quad 5,925807$$
$$7 \quad = \quad 1,3826883$$
$$0,4 \quad = \quad 0,07901076$$
$$0,05 \quad = \quad 0,009876345$$
$$\text{Somme} \quad = \quad 7,3973824$$

37 lieues carrées 45 valent donc, 7 myriamètres carrés 3974 (abstraction faite des 3 dernières décimales du résultat.)

11. Déterminer la valeur de 45 myriamètres carrés 67 en lieues carrées.

Solution. Pour résoudre cette question, on suit une marche analogue à celle que l'on a suivie pour la précédente, et on trouve pour résultat :

46 myriamètres carrés 57 = 2 lieues carrées 31204.

ONZIÈME TABLE.

VOLUMES.

Évaluation des Toises cubes, Pieds cubes, Pouces cubes, Lignes cubes en mètres cubes.

N°s	TOISES CUBES en mètres cubes.	PIEDS CUBES en mètres cubes.	POUCES CUBES en mètres cubes.	LIGNES CUBES en mètres cubes.
1	7,40389	0,034277	0,00001984	0,000000011
2	14,80778	0,068554	0,00003967	0,000000023
3	22,21167	0,102832	0,00005951	0,000000034
4	29,61556	0,137109	0,00007935	0,000000046
5	37,01945	0,171386	0,00009918	0,000000057
6	44,42334	0,205664	0,00011902	0,000000069
7	51,82723	0,239941	0,00013885	0,000000080
8	59,23112	0,274218	0,00015869	0,000000092
9	66,63501	0,308495	0,00017853	0,000000103
10	74,03890	0,342773	0,00019836	0,000000115

NOTA. Le myriamètre cube vaut 1000 kilomètres cubes ; le kilomètre cube 1000 hectomètres cubes ; l'hectomètre cube 1000 décamètres cubes ; le décamètre cube 1000 mètres cubes ; le mètre cube 1000 décimètres cubes ; le décimètre cube 1000 centimètres cubes ; le centimètre cube 1000 millimètres cubes.

APPLICATION.

Évaluer en mètres cubes 27 toises cubes, 19 pieds cubes, 162 pouces cubes, 87 lignes cubes.

SOLUTION. 27 toises cubes égalent 20 + 7 toises cubes ou 10 × 2 toises cubes + 7 toises cubes. 19 pieds cubes valent 10 + 9 pieds cubes. 162 pouces cubes sont 100 + 60 + 2 pouces cubes ou 100 × 1 pouce cube + 10 × 6 pouces cubes + 2 pouces cubes. Enfin 87 lignes cubes, valent 10 × 8 lignes cubes + 7 lignes cubes.

Déterminant ces diverses valeurs au moyen de la table XI, et en faisant la somme, on a pour résultat la réponse à la question proposée.

DISPOSITION DU CALCUL.

20 t. c.	=	143,0778
7.	=	51,82723
10 p. c.	=	0.342773
9	=	0,308495
100 po. c.	=	0,001984
60	=	0,0011902
2	=	0,00003967
80 l. c.	=	0,00000092
7	=	0,00000008
Somme	=	195,55951287

Donc 27 toises cubes, 19 pieds cubes 162 pouces cubes, 87 lignes cubes = 195,55951287 mètres cubes.

Si, au lieu de demander cette expression en mètres cubes, on l'eût demandée en décamètres ou en décimètres cubes, on eût opéré de la même manière, et on eût dans le premier cas divisé le résultat obtenu par 1000, et dans le second cas on l'eût multiplié par ce même nombre.

DOUZIÈME TABLE.

VOLUMES.

Évaluation des Mètres cubes en Toises cubes, Pieds cubes, Pouces cubes et Lignes cubes.

N°s	MÈTRES CUBES			
	en toises cubes.	en pieds cubes.	en pouces cubes.	en lignes cubes.
1	0,135064	29,1739	50412,42	87112655
2	0,270128	58,3477	100824,83	174225310
3	0,405192	87,5216	151237,25	261337965
4	0,542057	116,6954	201649,66	348450619
5	0,675321	145,8693	252062,08	435563274
6	0,810385	175,0431	302474,50	522675929
7	0,945449	204,2170	352886,91	609788584
8	1,080513	233,3908	403299,33	696901239
9	1,215577	262,5647	453711,74	784013894
10	1,350641	291,7385	504124,16	871126549

Nota. La toise cube contient 216 pieds cubes ; le pied cube, 1728 pouces cubes ; le pouce cube, 1728 lignes cubes.

APPLICATION.

Convertir en toises cubes, pieds cubes, pouces cubes et lignes cubes, 47 décamètres cubes, 695 décimètres cubes.

Solution. 1 décamètre cube, contenant 1000 mètres cubes, 47 décamètres cubes, valent 47000 mètres ou

10000 $\times$ 4 mètres cubes , + 1000 $\times$ 7 mètres cubes. Le décimètre cube étant la millième partie du mètre cube , 695 décimètres cubes valent 695 millièmes de mètre cube, ou 0, 6 + 0,09, + 0, 005. Prenant dans la table XII les valeurs de 4, 7, 6, 9, 5, mètres cubes , en toises cubes, et effectuant sur chacune d'elles les opérations indiquées ci-dessus, la somme faite de ces résultats est la valeur de 47 décamètres cubes , 695 décimètres cubes en toises cubes.

DISPOSITION DU CALCUL.

40 d. m.c.	=	5420,57
7	=	945,449
600 d c.	=	0,0810385
90	=	0,01215577
5	=	0,00067532
Somme	=	6366,11286959

Donc 47 décamètres cubes 695 décimètres cubes valent, 6366,11286959 toises cubes.

Pour déterminer les subdivisions de la toise comprises dans la partie décimale 0,11286959 , on la multiplie par 216 (nombre de pieds cubes compris dans la toise cube) , pour en extraire les pieds cubes. On multiplie ensuite la partie décimale du résultat par 1728 (nombre de pouces cubes contenus dans un pied cube), pour en extraire les pouces cubes. Enfin, pour avoir les lignes cubes, on multiplie la nouvelle partie décimale , s'il y a lieu , par 1728 (nombre de lignes cubes contenu dans un pouce cube).

On obtient ainsi, tous calculs faits :

47 décamètre cubes, 695 décimètres cubes, = 6366 toises cubes, 24 pieds cubes , 656 pouces cubes, 602 lignes cubes.

TREIZIÈME TABLEAU.

BOIS DE CHAUFFAGE.

Évaluation des Mesures cubiques anciennes en Mesures cubiques nouvelles, et réciproquement.

Nos.	CORDE DE BOIS eaux et foréts en stères.	VOIES de Paris en stères.	STÈRES en cordes de bois eaux et foréts.	STÈRES en voies de Paris.
1	3,8391	1,9195	0,26048	0,52096
2	7,6781	3,8390	0,52096	1,04192
3	11,5172	5,7585	0,78144	1,56288
4	15,3562	7,6781	1,04192	2,08384
5	19,1953	9,5975	1,30241	2,60480
6	23,0343	11,5172	1,56289	3,12576
7	26,8734	13,4366	1,82337	3,64672
8	30,7124	15,3562	2,08385	4,16768
9	34,5515	17,2756	2,34433	4,68864
10	38,3905	19,1953	2,60481	5,20960

NOTA. La corde (eaux et foréts) vaut 2 voies de Paris. La voie de Paris vaut 58 pieds cubes.

APPLICATION.

Déterminer la valeur en stères ¦de 47 cordes de bois (eaux et foréts), 3 voies de Paris, et en trouver le prix, sachant que le stère vaut 24 fr. 75 cent.

SOLUTION. 47 cordes de bois (eaux et forêts) valent 40 + 7 cordes ou 10 fois 4 + 7 cordes.

On tire du tableau XIII :

DISPOSITION DU CALCUL.

40c.	=	153,562
7	=	26,8734
3v.	=	5,7582
Somme	=	186.1936

47 cordes 3 voies valent donc 186,1936 stères.

Maintenant, pour en déterminer le prix, il suffit de multiplier le nombre 186,1936 stères par 24,75, qui représente le prix d'un stère, et on obtient pour résultat, 4615 fr. 29 cent. 47 cordes 3 voies valent donc 186,1936 stères, et coûtent 4613 fr. 29 cent. ; le stère valant 24 fr. 75 c.

EXERCICES.

1. Évaluer 345 stères 57 en cordes (eaux et forêts), et déterminer le prix de ces stères, sachant que la corde coûte 78 fr. 25 c.

II. 547 stères de bois coûtent 5786 fr. On demande le prix de la voie de Paris.

III. Déterminer combien coûterait un stère de bois, sachant que 49 voies ont coûté 1,260 fr.

QUATORZIÈME TABLE.

BOIS DE CHARPENTE.

Évaluation des Solives, Marques et Chevilles, en Stères ou Mètres cubes.

Nos	SOLIVES en mètres cubes.	MARQUES en mètres cubes.	CHEVILLES en mètres cubes.
1	0,102832	0,071412	0,0002347
2	0,205664	0,142824	0,0004694
3	0,308496	0,214236	0,0006940
4	0,411328	0,285648	0,0009388
5	0,514160	0,357060	0,0011635
6	0,616992	0,428472	0,0013882
7	0,719824	0,499884	0,0016329
8	0,822656	0,571296	0,0018776
9	0,925488	0,599908	0,0021023
10	1,028320	0,714120	0,0023270

APPLICATION.

Évaluer en mètres cubes 359 solives , 47 marques 238 chevilles.

SOLUTION. 359 solives se décomposent en 300 + 50 + 9 solives. Les 9 solives s'obtiennent directement par la table XIV, et on détermine les autres en multipliant respectivement par 100 et par 10 les nombres représentant les valeurs de 3 et de 5 solives en mètres cubes ; 47 marques valent 40 + 7 marques. Les 7 marques se trouvent directement dans la table, et la valeur de 40^m, est égale au produit par 10 du nombre représentant 4 marques pris dans la table. Enfin 238 chevilles se décomposant en 200 + 30 + 8 chevilles ; cette décomposition fournit, comme les précédentes, le moyen de déterminer chacune de ces valeurs ; et la somme de toutes celles ainsi trouvées forme le nombre de mètres cubes cherché.

DISPOSITION DU CALCUL.

300^s	=	30,8496
50	=	5,14160
9	=	0,925488
40^m	=	2,85648
7	=	0,719824
200^{ch}	=	0,04694
30	=	0,006944
8	=	0,0009388
Somme	=	39,556612

On a donc, 359 solives, 47 marques, 238 chevilles = 39 mètres cubes 556612.

QUINZIÈME TABLE.

BOIS DE CHARPENTE.

Évaluation des Stères ou Mètres cubes en Solives, Marques et Chevilles.

Nos	MÈTRES CUBES		
	en SOLIVES.	en MARQUES.	en CHEVILLES.
1	9,7246	116,695	35008,56
2	19,4492	233,390	70017,12
3	29,1739	350,085	105025,78
4	38,8985	466,780	140034,24
5	48,6231	583,475	175042,90
6	58,3477	700,170	210051,56
7	68,0923	816,865	245060,02
8	77,7970	933,560	280068,48
9	87,5216	1050,255	315077,14
10	97,2462	1166,950	350085,80

NOTA. La solive vaut 12 marques; la marque 300 chevilles; la cheville 12 pouces cubes.

APPLICATION.

Déterminer la valeur de 534 mètres cubes 256, en solives, marques et chevilles.

Solution. 534 mètres cubes 257 se décomposent en 500 + 30 + 4 + 0,2 + 0,05 + 0,007 mètres cubes, ou en 100 + 5 mètres cubes + 10 + 3 mètres cubes + 4 mètres cubes + 2 dixièmes de mètres cubes + 5 centièmes de mètres cubes + 7 millièmes de mètres cubes, prenant dans la table XV les nombres représentant en solives 5, 3, 4, 2, 5, 7 mètres cubes ; et, effectuant sur chacun de ces nombres les calculs indiqués, on additionne les divers résultats, et leur somme exprime en solives la valeur du nombre de mètres cubes proposé.

DISPOSITION DU CALCUL.

500$^{\text{m. c.}}$	=	4862,31
30	=	291,739
4	=	38,8985
0,2	=	1,94492
0,05	=	0,48623
0,007	=	0,06809
Somme	=	5195,4467

Donc 534 mètres cubes 257 = 5195 solives 4467. Pour avoir le nombre de marques contenues dans la partie décimale 0,4467 solives, on multiplie cette expression décimale par 12. On détermine ensuite les chevilles en multipliant la partie décimale du nouveau résultat obtenu par 300. On a, tout calcul fait :

534 mètres cubes 257 = 5195 solives, 5 marques, 108 chevilles.

SEIZIÈME TABLE.

LIQUIDES.

Évaluation des Muids, Feuillettes, Quartauts et Veltes de Paris en Litres.

Nos	MUIDS en litres.	FEUILLETTES en litres.	QUARTAUTS en litres.	VELTES en litres.
1	268,2216	134,1108	67,0554	7,4506
2	536,4432	268,2216	134,1108	14,9012
3	804,6648	402,3324	201,1662	22,3518
4	1072,8864	536,4432	268,2216	29,8024
5	1341,1080	670,5540	335,2770	37,2530
6	1609,3296	804,6648	402,3324	44,7036
7	1877,5512	938,7756	469,3878	52,1542
8	2145,7728	1072,8864	536,4432	59,6048
9	2413,9944	1206,9972	603,4986	67,0554
10	2682,2160	1341,1080	670,5540	74,5056

APPLICATION.

1° Chercher le nombre d'hectolitres contenus dans 25 muids , 3 quartauts et 7 veltes de Paris.

SOLUTION. Pour résoudre cette question , on détermine d'abord, au moyen de la table, la valeur de 25 muids , 3 quartauts, 7 veltes en litres ; ce qui se fait en multipliant par 100 et 10 les nombres représentant 9 et 2 muids en litres, pour avoir les valeurs de 900 et de 20 muids. Les autres valeurs se trouvent directement dans la table ; leur addition donne l'évaluation du nombre proposé en litres.

CALCUL.

900^{m}	=	241399,44
20	=	5864,432
5	=	1341,108
3^{t}	=	201,1662
7$_{\text{v}}$	=	52,1542
Somme	=	248358,3004

925 muids, 3 quartauts, 7 veltes, valent donc 248358 litres 3004 ; mais, comme ce n'est pas en litres, mais en hectolitres, que l'on demande d'évaluer le nombre proposé, il faut diviser par 100 le résultat obtenu, et l'on a pour réponse à la question proposée :

925 muids, 3 quartauts, 7 veltes = 2483 hectolitres 583.

DIX-SEPTIÈME TABLE.

LIQUIDES.

Évaluation des Litres en Muids, Feuillettes, Quartauts et Veltes de Paris.

Nos	LITRES			
	en MUIDS.	en FEUILLETTES.	en QUARTAUTS.	en VELTES.
1	0,0037275	0,0074555	0,0149110	0,1341990
2	0,0074550	0,0149110	0,0298220	0,2683980
3	0,0111825	0,0223665	0,0447330	0,4025970
4	0,0149100	0,0298220	0,0596440	0,5367960
5	0,0186375	0,0372775	0,0745550	0,6709950
6	0,0223650	0,0447330	0,0894660	0,8051940
7	0,0260925	0,0521885	0,1043770	0,9393930
8	0,0298200	0,0596440	0,1192880	1,0735920
9	0,0335475	0,0670995	0,1341990	1,2077910
10	0,0372750	0,0745540	0,1491100	1,3419900

NOTA. Le muid vaut 2 feuillettes ; la feuillette 2 quartauts ; le quartaut 9 veltes ; la velte 8 pintes.

APPLICATION.

Calculer la valeur de 573 hectolitres, 45 centilitres en muids, feuillettes, quartauts et veltes de Paris.

Solution. 573 hectolitres valent 50000 + 7000 + 300 litres ou 10000 $\times$ 5 litres + 1000 $\times$ 7 litres + 100 $\times$ 3 litres. 0,45 centilitres se décomposent en 0,4 + 0,05. Ces décompositions faites, on prend dans la table XVII, les nombres représentant ce que valent en muids 5, 7, 3, 4 et 5 litres ; on effectue ensuite sur chacun d'eux, les opérations indiquées ; on additionne les résultats, et leur somme donne la valeur du nombre d'hectolitres proposés en muids et parties décimales du muid.

DISPOSITION DU CALCUL.

50000^l	=	186^m,275
7000	=	26 ,0925
300	=	1 ,11825
0,4	=	0 ,001491
0,05	=	0 ,000186
Somme =		213 ,48743

Donc 573 hectolitres, 45 centilitres = 213,48743 muids. Pour évaluer en feuillettes, quartauts et veltes, la partie décimale de muids, 048743, il faut la multiplier d'abord par 2 ; la partie entière du résultat donne les feuillettes ; on multiplie ensuite par 2 sa partie décimale; la partie entière de ce nouveau produit donne les quartauts. Enfin, la partie entière du produit par 9 des décimales résultant de cette seconde multiplication, exprime les veltes : on obtient, tout calcul fait :

573 hectolitres, 45 centilitres = 213 muids, 1 quartaut, 8 veltes 547.

DIX-HUITIÈME TABLE.

LIQUIDES.

Évaluation des Pintes, Chopines, Demi-Setiers, Poissons, en Litres.

N°s	PINTES en litres.	CHOPINES en litres.	DEMI-SETIERS en litres.	POISSONS en litres.
1	0,93132	0,46566	0,23283	0,11641
2	1,86264	0,93132	0,46566	0,23283
3	2,79396	1,39698	0,69849	0,34924
4	3,72528	1,86264	0,93132	0,46566
5	4,65660	2,32830	1,16415	0,58207
6	5,48792	2,79396	1,39698	0,69849
7	6,51924	3,25962	1,62981	0,81490
8	7,45056	3,72528	1,86264	0,93132
9	8,38188	4,19094	2,09547	1,04773
10	9,31320	4,65660	2,32830	1,16415

APPLICATION.

Calculer le nombre de litres contenus dans 47 pintes, 3 chopines, 9 poissons. En déterminer le prix, sachant que le litre vaut 0,45.

SOLUTION. On décompose d'abord les 47 pintes en 40 + 7 pintes ou en 10 × 4 pintes + 7 pintes. On détermine ces valeurs ainsi que celles de 3 chopines et 9 poissons, au moyen de la table XVIII; le résultat de leur addition répond à la première partie de la question.

DISPOSITION DU CALCUL.

40 p.	=	37,2528
7	=	6,51924
3 ch.	=	1,39698
9 p.	=	1,04773
Somme	=	46,21675

Donc 47 pintes, 3 chopines, 9 poissons, valent 46 litres 21675.

Pour déterminer maintenant ce que coûtent les 47 pintes, 3 chopines, 9 poissons, le litre valant 0,45, il suffit de multiplier 46,21675 (valeur obtenue en litres du nombre proposé) par 0,45 ; on obtient pour résultat 20 fr. 85 c.

Donc 47 pintes, 3 chopines, 9 poissons d'un liquide coûtent 20 fr. 80 c., le litre de ce liquide coûtant 0,45.

DIX-NEUVIÈME TABLE.

LIQUIDES.

Évaluation des Litres en Pintes, Chopines, Demi-Setiers et Poissons.

Nos	LITRES			
	en PINTES.	en CHOPINES.	en DEMI-SETIERS	en POISSONS.
1	1,0737	2,1474	4,2948	8,5896
2	2,1474	4,2948	8,5896	17,0795
3	3,2211	6,4422	12,8844	25,7688
4	4,2948	8,5896	17,0795	34,1590
5	5,3685	10,7360	21,4720	42,9440
6	6,4422	12,8844	25,7688	51,5376
7	7,5159	15,0318	29,9639	59,9278
8	8,5896	17,0792	34,1590	68,3180
9	9,6633	19,3256	38,5515	77,1030
10	10,7360	21,4720	42,9440	85,8880

Nota. La pinte vaut 2 chopines ; la chopine 2 demi-setiers; le demi-setier 2 poissons.

APPLICATION.

Déterminer la valeur de 248 litres, 36 centilitres, en pintes, chopines, demi-setiers, poissons.

Solution. Pour résoudre cette question, on remarque d'abord que les 245 litres, 36 centilitres se décomposent en 300 + 40 + 5, + 0,3. + 0 , 06, litres , ou en 100 $\times$ 3 litres + 10 $\times$ 4 litres + 5 litres + 0 , 3 + 0 , 06.

Cela posé, on tire de la table XIX l'évaluation en pintes de 2, 4, 5, 3, et 6 litres. On effectue sur chacune des valeurs trouvées les calculs indiqués plus haut. On additionne les résultats obtenus, et leur somme représente la valeur en pintes du nombre de litre proposé.

DISPOSITION DU CALCUL.

200^1	=	211,74
40	=	42,948
5	=	5,3685
0,3	=	0,32211
0,06	=	0,064422
Somme =		263,443032

Donc 245,36 = 263 pintes 443032.

Pour déterminer la valeur de la partie décimale de la pinte, 0,443032, en chopines, demi-setiers et poissons, il suffit de multiplier cette expression d'abord par 2 (nombre de chopines contenues dans la pinte), pour en extraire les chopines ; ensuite la partie décimale du résultat par 2 (nombre de demi-litres contenus dans la chopine), pour en extraire les demi-setiers ; et enfin la partie décimale du dernier produit par 2 (nombre de poissons contenus dans le demi-setier) pour en tirer les poisson. On obtient, tout calcul fait, pour réponse à la question proposée:

245 litres 36, = 263 pintes, 1 demi-setier, 1 poisson.

VINGTIÈME TABLE.

MATIÈRES SÈCHES. — (*Grains.*)

Évaluation des Muids, Setiers, Boisseaux et Litrons de Paris en Litres.

Nos	MUIDS en hectolitres.	SETIERS de Paris en hectolitres.	BOISSEAU de Paris en litres.	LITRONS de Paris en litres.
1	18,7320	1,5610	13,008	0,813
2	37,4640	3,1220	26,017	1,626
3	56,1960	4,6830	39,025	2,439
4	74,9280	6,2440	52,033	3,252
5	93,6600	7,8050	65,042	4,065
6	112,3920	9,3660	78,050	4,878
7	131,1240	10,9270	91,058	5,691
8	149,8560	12,4880	104,066	6,504
9	168,5880	14,0490	117,075	7,317
10	187,3200	15,6100	130,084	8,130

APPLICATION.

Évaluer en double décalitre, 457 muids, 17 setiers, 15 boisseaux, 9 litrons de Paris, et déterminer ce que coûte cette quantité d'une marchandise quelconque dont le litre se paie 0,75 cent.

SOLUTION. 457 muids valent 400 + 50   muids ou

```
— 179 —
```

100 × 4 muids + 10 × 5 muids + 7 muids ; 17 setiers valent 10 + 7 setiers ; 15 boisseaux valent 10 + 5 boisseaux.
Prenant dans la table les valeurs de 4 , 5 , 7 muids en litres, et effectuant sur ces valeurs les opérations indiquées ,
ajoutant ensuite à celles de 10 et 7 setiers, de 10 et 5 boisseaux et enfin à celle de 9 litrons , le résultat est égal au
nombre de litres contenus dans le nombre proposé.

CALCUL.

400^m	=	749280
50	=	93660
7	=	13112,4
10^s	=	1561
7	=	1092,7
10^b	=	130,084
5	=	65,042
9^l	=	7,317
Somme	=	858908,543

Donc 457 muids, 17 setiers , 15 boisseaux, 9 litrons,
valent 858908 litres 543. Pour évaluer cette expression en
doubles décalitres, ainsi que l'exige la question ; il suffit
de prendre la moitié de ce nombre, et de la diviser ensuite
par 10 , ce qui donne pour le résultat demandé :

457 muids, 17 setiers , 15 boisseaux , 9 litrons, =
42945,4271 doubles décalitres. Enfin pour déterminer le
prix de la quantité donnée, sachant que le litre vaut
0,75 cent., on multiplie par 0,75 le premier résultat obtenu 858908,543, et le produit représente le prix de
42945,4271 doubles décalitres, c'est-à-dire de 457 muids,
17 setiers, 15 boisseaux, 9 litrons.

VINGT-UNIÈME TABLE.

MATIÈRES SÈCHES. — (*Grains.*)

Évaluation des Litres en Muids, Setiers, Boisseaux et Litrons de Paris.

Nᵒˢ	HECTOLITRES		LITRES	
	en MUIDS.	en SETIERS.	en BOISSEAUX.	en LITRONS.
1	0,0534	0,641	0,07687	1,230
2	0,1068	0,281	0,15375	2,460
3	0,1602	1,922	0,23062	3,690
4	0,2136	2,562	0,30750	4,920
5	0,2670	3,203	0,38437	6,150
6	0,3204	3,844	0,46124	7,380
7	0,3738	4,484	0,53812	8,610
8	0,4272	5,125	0,61499	9,840
9	0,4806	5,766	0,69187	11,070
10	0,5340	6,406	0,76874	12,300

NOTA. Le muids vaut 12 setiers le setier, 12 boisseaux ; le boisseau 16 litrons.

APPLICATION.

Exprimer en muids, setiers, boisseaux et litrons, la valeur de 357 hectolitres.

SOLUTION. Pour résoudre cette question, on opère sur le nombre proposé comme s'il représentait des litres. On décompose en conséquence 357 en 300 + 5 0 + 7 ou en 100 × 3 + 10 × 5 + 7 hectolitres. On prend dans la table les valeurs de 3, 5, 7 hectolitres en muids; on multiplie les deux premières respectivement l'une par 100 et l'autre par 10 pour avoir les nombres représentant en muids 300 et 50 hectolitres. On fait l'addition des nombres ainsi obtenus, et on a pour résultat la valeur de 357 hectolitres en muids.

DISPOSITION DU CALCUL.

300	=	16,02
50	=	2,670
7	=	0,3738
Somme	=	19,0638

Donc 357 hectolitres = 19,0638 muids de Paris.

Pour connaître le nombre de setiers, boisseaux et litrons compris dans la fraction décimale 0,0638 de muids, on multiplie d'abord cette fraction décimale par 12 (nombre de setiers contenus dans le muid), puis la partie décimale par 12 (nombre de boisseaux contenus dans le setier ; et enfin la partie décimale de ce dernier produit par 16 (nombre de litrons contenus dans le boisseau); et on a pour réponse à la question proposée 357 hectolitres = 19 muids + 9 boisseaux + 3 litrons.

VINGT-DEUXIÈME TABLE.

MATIÈRES SÈCHES.—(*Sel.*)

Évaluation [des Muids et Setiers de sel en hectolitres, et réciproquement.

Nos	MUIDS en Hectolitres.	SETIERS en Hectolitres.	HECTOLITRES en Muids.	en Setiers.
1	2,49754	2,08128	0,0400	0,4804
2	4,99508	4,16256	0,0800	0,9608
3	7,49262	6,24384	0,1201	1,4412
4	9,99016	8,32512	0,1601	1,9216
5	12,48770	10,40640	0,2001	2,4020
6	14,98524	12,48768	0,2402	2,8824
7	17,48278	14,56896	0,2802	3,3628
8	19,98032	16,65024	0,3202	3,8432
9	22,47786	18,73152	0,3602	4,3236
10	24,97540	20,81280	0,4002	4,8040

NOTA. Le muid de sel contient 12 setiers ; le setier contient 16 boisseaux.

APPLICATION.

Évaluer en hectolitres 435 muids, 12 setiers de sel.

SOLUTION. Pour résoudre cette question, on remarque que 345 muids se décomposent en 300 + 40 + 5 muids ou en 100 fois 3 muids ; 10 fois 4 muids $+$ 5 muids $+$ 12 setiers, sont 10 $+$ 2 setiers ; prenant successivement dans la table XXII les valeurs de 3, 4 et 5 muids et celles de 10 et 2 setiers, et additionnant ces valeurs après avoir fait sur celles de 3 et 4 muids les opérations indiquées dans la décomposition ci-dessus ; on obtient la valeur de 345 muids, 12 setiers en hectolitres.

DISPOSITION DU CALCUL.

300ᵐ	$=$	7492,62
40	$=$	999,016
5	$=$	124,877
10ˢ	$=$	20,8128
2	$=$	1,16256
Somme	$=$	8641,48836

On a donc pour réponse à la question proposée, 345 muids, 12 setiers $=$ 8641,48836 litres.

VINGT-TROISIÈME TABLE.

MATIÈRES SÈCHES.—(*Avoine.*)

Évaluation des Muids et Setiers d'avoine en Hectolitres, et réciproquement.

Nos	MUIDS en Hectolitres.	SETIERS en Hectolitres.	HECTOLITRES	
			en Muids.	en Setiers.
1	37,4630	3,12192	0,0167	0,3203
2	74,9260	6,24384	0,0234	0,6406
3	112,3891	9,36576	0,0401	0,9609
4	149,8521	12,48768	0,0468	1,2812
5	187,3151	15,60960	0,0635	1,6015
6	224,7782	18,73152	0,0802	1,9218
7	262,2412	21,85344	0,0869	2,2420
8	299,7042	24,97536	0,0936	2,5624
9	337,1672	28,09728	0,1103	2,8827
10	374,6302	31,21920	0,1670	2,4020

NOTA. Le muid vaut 12 setiers; le setier vaut 24 boisseaux.

APPLICATION.

Évaluer en muids et setiers 345 hectolitres, 37 litres d'avoine.

SOLUTION. Pour résoudre cette question, on décompose

le nombre d'hectolitres proposés en 300 + 40 + 5 + 0,3 0,07 ou en 100 fois 3 hectolitres + 10 fois 4 hectolitres + 5 hectolitres + 0,1 fois 3 hectolitres + 0,01 fois 7 hectolitres. Prenant successivement dans la table XXIII les valeurs en muids de 3, 4, 5, 3 et 7 hectolitres et additionnant ces valeurs; après avoir effectué sur chacune d'elles les opérations indiquées ci-dessus, on a la valeur du nombre proposé en muids.

DISPOSITION DU CALCUL.

300	=	4,01
40	=	0,468
5	=	0,0635
0,3	=	0,00401
0,07	=	0,000869
Somme	=	4,546379

345 hectolitres, 37 d'avoine, valent donc 4 muids, 546379, multipliant la partie décimale de ce résultat par 24 (nombre de setiers contenus dans le muids), afin d'en extraire les setiers; on a pour réponse à la question proposée :

355 hectolitres 37 d'avoine = 4 muids, 6 setiers, 13 boisseaux 357.

VINGT-QUATRIÈME TABLE.

POIDS.

Évaluation des Livres et Marcs en Kilogrammes, et des Onces, Gros et Grains, en Grammes.

Nos	LIVRES en kilogram.	MARCS en kilogram.	ONCES en grammes.	GROS en grammes.	GRAINS en grammes.
1	0,48951	0,24475	30,59	3,824	0,0531
2	0,97901	0,48951	61,19	7,648	0,1062
3	1,46852	0,73426	91,78	11,472	0,1593
4	1,95802	0,97902	122,38	15,296	0,2124
5	2,44753	1,22377	152,97	19,120	0,2655
6	2,93764	1,46852	183,56	22,944	0,3186
7	3,42654	1,71328	214,16	26.768	0,3717
8	3,91605	1,95804	244,75	30,592	0,4348
9	4,40555	2,20279	275,35	34,416	0.4779
10	4,89506	2,44754	305,94	38,240	0,5310

APPLICATION.

Trouver ce que valent en kilogrammes 16 livres, 13 onces, 17 gros, 22 grains. Déterminer le prix de la livre. sachant que le kilogramme coûte 2 fr. 45 cent.

SOLUTION. Pour résoudre cette question, on remarque que 16 livres valent 10 + 6 livres ; que 13 onces valent 10 + 3 onces, que 17 gros valent 10+7 gros. et qu'enfin 22 grains valent 10 fois 2 grains + 2 grains. Ces décompositions faites, on cherche dans la table XXIV chacune des valeurs ainsi détaillées ; on en fait l'addition, et leur somme donne la réponse à la première partie de la question proposée.

DISPOSITION DU CALCUL.

10^l	=	4,89506
6	=	2,93704
10 onces	=	0,30594
3	=	0,09178
10 gros.	=	0,031940
7	=	0,026768
20 grains.	=	0,010610
2	=	0,0001061
Somme	=	8,025995

On a donc 16 livres , 13 onces , 17 gros , 22 grains . 8 kilogrammes 025995.

Pour déterminer maintenant le prix de ces 16 livres , 13 onces, 17 gros, 22 grains, on multiplie 8.025995, qui représente leurs valeurs en kilogrammes par le prix 2 fr. 45 cent. d'un kilogramme, ce qui donne pour résultat 20 fr. 06 ; on tire de là le prix de la livre.

VINGT-CINQUIÈME TABLE.

POIDS.

Évaluation des Kilogrammes en Livres et Marcs, et des Grammes en Onces, Gros et Grains.

Nos	KILOGRAMMES		GRAMMES		
	en Livres.	en Marcs.	en Onces.	en Gros.	en Grains.
1	2,043	4,086	0,032686	0,26149	18,82715
2	4,086	8,171	0,065372	0,52298	37,65430
3	6,129	12,257	0,098058	0,78446	56,48145
4	8,171	16,343	0,130744	1,04595	75,30860
5	10,214	20,429	0,163430	1,30744	94,15575
6	12,257	24,514	0,196116	1,56893	112,96290
7	14,300	28,600	0,228802	1,83042	131,79005
8	16,343	32,686	0,261488	2,09190	150,61720
9	18,386	36,772	0,294174	2,35332	169,44435
10	20,429	40,858	0,326860	2,61488	188,27150

NOTA. La livre vaut 2 marcs ; le marc, 8 onces; l'once, 8 gros ; le gros, 3 deniers ; le denier, 24 grains.

APPLICATION.

Calculer ce que vaut en livres et subdivisions de la livre un poids 8475,329 kilogrammes.

SOLUTION. Au moyen de la table XXV, et après avoir décomposé 84753 kilogrammes 329 en 8000 + 400 + 70

+ 5 + 0,3 + 0,02 + 0,009 kilogrammes, on obtient la valeur en livres de chacune de ces parties, en multipliant respectivement par 1000, 100, 10, 0,1; 0,01; 0,001 les valeurs de 8, 4, 7, 3, 2,9 kilogrammes exprimées en livres. L'addition de toutes les valeurs ainsi déterminées et de celle de 5 kilogrammes, prise directement dans la table, donnent l'évaluation du nombre de kilogrammes proposés en livres et fractions décimales de la livre. Pour déterminer ensuite les subdivisions de la livre comprises dans cette fraction décimale, on suit le procédé indiqué (66).

DISPOSITION DU CALCUL.

8000	=	16343
400	=	817,1
70	=	143
5	=	10,214
0,3	=	0,6129
0,02	=	0,04086
0,009	=	0.02043
Somme	=	17313,98819

8475000 kilogrammes 329 valent donc 17313 liv. 98819 En déterminant ainsi qu'il a été dit les parties usitées de la livre contenues dans la fraction, 0,98819, on trouve pour solution de la question proposée :

8475 kilogrammes 329 = 17313 livres, 1 marc, 15 onces, 6 gros, 1 denier, 11 grains.

VINGT-SIXIÈME TABLE.

MONNAIES.

Évaluation des Livres, Sous et Deniers, en Francs.

Nos	LIVRES en Francs.	SOUS en Francs.	DENIERS en Francs.
1	0,987654	0,04938	0,00411
2	1,975309	0,09876	0,00822
3	2,962963	0,14814	0,01233
4	3,950617	0,19742	0,01644
5	4,938272	0,24690	0,02055
6	5,925926	0,29628	0,02466
7	6,913580	0,34556	0,02877
8	7,901235	0,39584	0,03288
9	8,888889	0,44432	0,03799
10	9,876543	0,49380	0,04110

APPLICATION.

Évaluer 3547 livres tournois en francs, et déterminer le poids de cette somme en grammes.

3547 livres tournois se décomposent en $3000 + 500 + 40 + 7$, ou en $1000 \times 3 + 100 \times 5 + 10 \times 4 + 7$ livres tournois, prenant dans la table les valeurs en francs de 3, 5, 4 et 7 livres, et effectuant sur chacun des nombres qui les représentent les opérations indiquées ci-dessus ; on obtient en les additionnant la valeur demandée de 3547 livres en francs.

DISPOSITION DU CALCUL.

$$3000^l = 2962,963$$
$$500 = 493,8272$$
$$40 = 39,50617$$
$$7 = 6,91358$$
$$\text{Somme} = 3503,20995$$

Donc 3547 livres tournois = 3503 fr. 21 cent.

Pour déterminer maintenant le poids de cette somme en grammes, on multiplie 3503,21 par 5, et on obtient pour résultat 17516,05.

VINGT-SEPTIÈME TABLE.

MONNAIES.

Évaluation des Francs en Livres, Sous et Deniers.

Nos	FRANCS en Livres.	FRANCS en Sous.	FRANCS en Deniers.
1	1,0125	20,250	243,000
2	2,0250	40,500	486,000
3	3,0375	60.750	729,000
4	4,0500	81,000	972,000
5	5,0625	101,250	1215,000
6	6,0750	121,500	1458,000
7	7,0875	141.750	1701,000
8	8,1000	162,000	1948,000
9	9,1125	182,250	2187,000
10	10,1050	202,500	2430,000

Nota. La livre vaut 20 sous ; le sou, 12 deniers ; le franc pèse 5 grammes.

APPLICATION.

On donne en paiement d'une certaine somme un poids de 397 hectogrammes 45 centigrammes d'argent écus ; on demande d'évaluer ce poids en francs, et d'exprimer cette somme de francs en livres tournois.

Solution. Pour déterminer la somme de francs contenue dans le poids donné, je le divise par 5 (nombre exprimant celui de 1 franc en grammes), le résultat est la somme cherchée. La division de 397 hectogrammes, 45 centigrammes, ou de 39700 grammes 45 par 5 donne pour quotient 7940,09 ; le poids de 397 hectogrammes 45 centigrammes représente donc 7940 fr. 09 cent. Pour déterminer maintenant la valeur de cette somme en livres tournois, on la décompose en $7000 + 900 + 40$ fr. $+ 0,09$ c. ou en 1000×7 fr. $+ 100 \times 9$ fr. $+ 10 \times 4$ fr. $+ 0,09$. Prenant dans la table XXVII les valeurs de 7, 9, 4 et 9 francs en livres, et effectuant sur les nombres qui les représentent les calculs indiqués ci-dessus, la somme des résultats obtenus représente la valeur de 7940 fr. 09 cent. en livres tournois.

DISPOSITION DU CALCUL.

7000	=	7087,5
900	=	911,25
40	=	40,50
0,09	=	0,09
Somme	=	8039,34

On a donc 7940 fr. 09 cent. $= 8039,34$ livres tournois. Enfin, pour avoir le nombre de sous et deniers compris dans 0,34 de livres tournois, on multiplie d'abord cette fraction décimale par 20, pour en extraire le nombre de sous qu'elle contient, et ensuite la fraction décimale résultant de cette première multiplication par 12, pour en extraire les deniers.

On trouve ainsi pour réponse définitive à la question proposée :

397 hectogrammes, 45 centigrammes d'argent écus valent 7940 f. 09 c. = 8039 livres tournois, 6 sous, 9 deniers.

FIN.

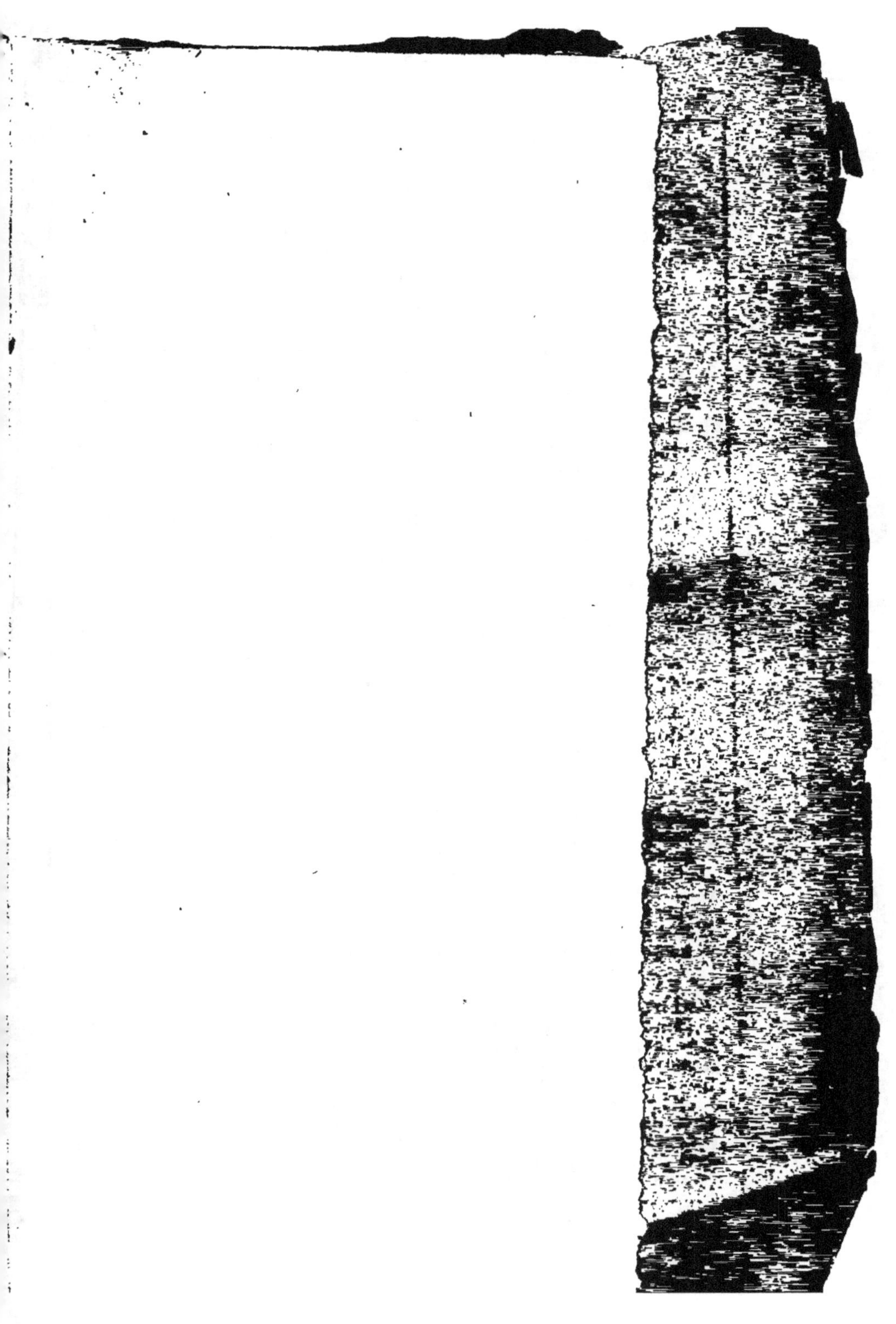

www.ingramcontent.com/pod-product-compliance
Lightning Source LLC
Chambersburg PA
CBHW051539050726
47595CB00002B/559